KB049079

물과 GIS

공학교수 김계현 칼럼집

물과 GIS

샘터

■ 추천사

물관리 백년대계에 앞장서 온 학자

국회는 지난 2018년 '물관리기술 발전 및 물산업 진흥에 관한 법률'과 2019년 '물관리기본법'을 각각 제정하였다. 물관리의 기본이념과 원칙을 마련하고 물산업 진흥에 기여함으로써 지속가능한 물순환체계를 확립하여 국민의 삶의 질 향상에 이바지하겠다는 유의미한 합의를 뒤늦게 도출해 낸 것이다. 물론 각론에 있어서 논란의 여지도 있었지만, 기본법 제정을 시작으로 체계적이고 일원화된 물관리 및 물산업 진흥의 기반이 조성되었다고 평가할 수 있다.

이러한 합의 이면에는 수년간 물관리 백년대계를 주장해 온 현장과 학계 전문가들의 노력이 있었다. 특히 수량·수질 관리를 각각 담당하던 관계 부처 간의 대립과, 시기마다 불거진 다른 사회·경제 이슈로 인해 번번이 심도 있는 논의가 진행되지 못하는 상황 속에서도 소신 있게 물관리 및 물산업 등에 대한 패러다임 전환의 중요성을 지적해 온 김계현 교수와 같은 학자들의 노고가 있었기에 가능한 일이었다.

어떤 이슈에 대해 꾸준히 의견을 내기 위해서는 주제에 대한 깊이 있는 이해와 관심이 전제되어야 한다. 언론을 통한 기고는 더욱더 그렇다. 하루에도 정치·경제·사회 각 분야에서 크고 작은 이슈가 불거져 나오고, 휘발성이 강한 이슈라도 발생하면 모든 사회적 논의를 잠식해 버리기에 아무리 기술적으로 글을 잘 썼다 한들, 지면 한 귀퉁이에 실리기조차 쉽지 않다.

그럼에도 독자들이 김계현 교수의 글을 언론을 통해 꾸준히 만날 수 있었던 이유는 김 교수가 다양한 이슈를 깊게 이해하고, 현시대에 함께 논의해야 할 과제와 대안을 선제적으로 제시해왔기 때문이라 생각한다. 실제 칼럼을 보면 김 교수의 스펙트럼은 수자원, 물관리부터 물산업, 환경, GIS, 재난방재 그리고 대학행정까지 굉장히 넓다. 다만, '물'이라는 중심 줄기를 매우 단단하게 잡고 그와 관련되는 사회이슈를 엮어 가기에 그 주장에 힘이 있는 것이다.

또한 김 교수가 십여 년 전에 지적한 문제점과 대안은 현재 시점에서 대비해 보아도 전혀 어색함이 없다. 아직 대한민국이 물과 관련한 대비책이 부족하다는 사실을 방증하고 있다는 사실은 안타깝지만, 『물과 GIS』의 출판이 매우 시의적절하다는 데 큰 의미가 있다고 본다.

물은 인간이 삶을 영위해 나가는 데 있어 중요한 필수재지만, 그간 그 중요성을 간과해 왔다는 점은 우리가 매우 심각하게 반성해야 할 사안이다. 체계적인 물관리는 태생적·환경적 불평등을 해소하고 인간의 삶의 질을 한 단계 업그레이드시킨다. 나아가 선도적인 물산업은 내수뿐만 아니라 글로벌 산업구조 속에서 대한민국의 위상을 높이는 데 핵심 역할을 하게 될 것이다.

그러나 이는 몇몇 기업과 현장, 학계 전문가의 자력만으로 해낼 수 있는 것이 아니다. 정부와 정치권의 물관리 및 물산업에 대한 수준 높은 이해를 토대로, 견고하고도 광범위한 제도적 지원이 뒷받침되어야 한다. 이러한 의미에서 김 교수의 제언은 매우 중요한 의미를 지닌다.

김계현 교수의 퇴임 시점에 맞춰 발간된 책이나, 앞으로 물관리·물산업 및 GIS 등에 대한 진일보한 대안을 보다 자유롭고 확장된 시각에서 더욱 적극적으로 제시해 주실 또 다른 시작이라 믿는다.

국민의힘 원내대표
김기현

■ 추천사

물과 GIS 융합을 이끌어 온 선구자

김계현 교수와 나의 인연은 25년 전으로 거슬러 올라간다. 당시 해외에서 물 분야 연구에 GIS 도입이 시작됐던 만큼 국내에서도 이에 대한 요구가 컸다. 인하대학교에 근무하던 김 교수는 물 분야에 GIS를 활용한 선구자적 연구로 한국의 수자원 분야 기술 향상에 대단한 기여를 하였다. 이전까지만 해도 체계적으로 위치정보를 갖춘 공간데이터베이스가 물환경 분야에 존재하지 않았다. 이에 김 교수의 선도적인 연구는 수자원은 물론 환경 분야의 많은 연구자에게 큰 공헌을 한 것이 사실이다. 다양한 물 분야에 GIS 활용사례를 담은 김 교수의 논문은 많은 국내외 연구자들에게 선행연구로 활용되었다.

특히 김 교수는 물환경 분야에 기념비적 업적이 많다. 2002년도 김 교수와 한국수자원공사가 공동연구로 만든 수자원단위지도는 국내 수자원 해석의 기본도로서 활용되고 있다. 이전까지는 기관별로, 심지어 연구자별로 임의의 기준으로 설정한 유역경계를 갖고 연구를 수행했다. 이에 결과에 대한 신뢰는 물론 연구결과를 공유할 수 없었다. 아울러 수자원단위지도는 국내에서 환경부 오염총량 배출제 적용에 가장 기본인 오염총량 산정을 위한 기본도로서의 역할도 대단하다. 더욱이 수자원과 환경 분야에서 동일한 유역경계를 사용한다는 점에서 그 의의는 매우 크다. 나아가 김 교수 연구로 경계가 설정된 수질보호를 위한 수변구역은 지금도 맑은 물 확보에 기여가 크다.

김 교수의 이러한 물환경 분야의 기여보다 더욱 큰 공헌은 국내 GIS도입의 선구자 역할을 했다는 점이다. 1993년부터 시작된 국가GIS 구축을 위한 기획부터 참여한 김 교수는 한국 GIS 구축에 선도적 역할을 하였다. 많은 논문 발표와 호평받는 전문 기술서를 집필하고, 다양한 지적재산권도 확보해 인재 양성에 기여했다. 김 교수의 헌신은 지금의 한국 공간정보산업 발전에 주춧돌 역할을 하였다. 이렇듯 현역 시절 다양한 역할을 해 온 김 교수께서 또 다른 역할로 사회에 공헌하시길 기대해 본다.

세종대학교 총장
배덕효

■ 추천사

담백하게 글 쓰는 실사구시형 학자 김계현

작년 10월 조선일보에 실린 기사를 읽으면서 흠칫 놀란 적이 있다. 정부가 울산 반구대 암각화의 침수 피해를 막는 대책으로 울산 사연댐에 수문을 설치하기로 했다는 뉴스였다. 암각화의 침수 위험이 없는 평소엔 사연댐 수문을 닫고 있다가 장마철에 대곡천 수위가 높아질 때는 수문을 개방해 암각화가 물에 잠기지 않도록 하겠다는 것이었다. 놀랐던 이유는, 수문 개방으로 울산의 식수 공급이 여의치 않게 되면 경북 청도의 운문댐에서 물을 가져오겠다는 대책을 세웠다는 점이었다. 그렇게 되면 운문댐에서 용수를 공급받던 대구 지역 물 사정은 어떻게 되느냐 하는 문제가 생긴다.

그런데 정부는 지난해 6월 대구 지역에 공급하는 수돗물 일부의 취수 지점을 구미공단 상류로 옮기는 낙동강 통합물관리

방안을 내놨었다. 그러니까 구미, 대구, 운문댐, 사연댐, 반각화 관련 조치들이 하나의 사슬처럼 유기적으로 엮이는 종합 대책이 완성된 것이다.

이 아이디어는 6년 전 김계현 교수가 조선일보에 기고한 '반구대 암각화 살리고 물 부족도 해결하려면'이란 칼럼에서 제시한 것이었다. 대구 지역에 깨끗한 수돗물도 공급할 수 있고, 사연댐의 암각화를 침수에서 구해 내는 대책이었다. 당시 김 교수 글을 읽고 '아, 이런 아이디어가 있나.' 하고 끄덕였는데 몇 년 사이 정부 대책으로 완성된 것이다. 운문댐에서 울산까지 50㎞나 되는 관거를 유역변경식으로 묻어야 하는데, 전국 하천의 사정을 입체적으로 머릿속에 담아 놓고 있는 사람이 아니면 이런 기발한 해결책을 내놓을 수 없을 것이다.

조선일보는 1994년에서 1995년에 걸쳐 '샛강을 살립시다' 캠페인을 벌였다. 거의 30년 전 얘기로, 당시 필자가 편집국 환경팀장으로 캠페인을 리드했다. 그때 국토연구원을 찾아가 이제 막 시작하는 단계였던 GIS(지리정보시스템)에 대한 설명을 듣고 GIS 기술을 샛강 캠페인에 접목시켰었다. 전국 하천을 찾아가 수질 측정을 하고 하천의 GIS입체지도에 수질 정보를 입력해 시각적으로 부각시킨 수질오염지도를 신문 한 면의 거의 반쯤 차지할 정도로 크게 시리즈로 실었다. 당시 미국 유학에서 갓 돌아왔던 김계현 교수도 KIST 시스템공학연구소 소속 연구원으로 '샛강을 살립시다' 캠페인을 도왔던 인연이 있다.

1995년에 인하대학교로 옮겼던 김 교수가 어언 27년의 교수
생활을 마감한다는 소식을 듣고 벌써 그렇게 됐나 하는 아쉬움
을 갖게 된다. 김 교수는 수질, 수자원 분야에서 누구보다 적극
적으로 활동해 왔다. 특히 언론을 통한 전문 지식의 전파에 노
력해 왔다. 조선일보에 보내 준 기고도 꽤 있었는데, 추상적인
이념과 구호가 난무하는 시대에 실사구시를 추구했던 학자였
다는 인상이 강하다. 지하의 하수관거 인프라를 GIS를 통해 관
리하자는 제안이나 재해위험지도를 작성하자, 방재위성을 띄우
자, 재해를 예측하는 프로파일러를 키우자는 등의 아이디어들이
그런 것들이다.

　　환경단체의 원리주의적 주장에 용기 있게 따끔한 말도 하곤
했었다. 글을 늘 담백하게 쓰는 편이었던 것도 기억에 남는다.
은퇴 후라도 수십 년 쌓은 전문 지식을 사회를 위해 제공하는
봉사는 계속할 것이라고 기대한다.

조선일보 선임논설위원

한삼희

■ 서언

나는 인하대학교 공과대학에서 근 27년을 근무하고 올 2월에
퇴임하였다. 한양대학교에서 자원공학을 전공하고 KAIST에
서 소프트웨어 개발 연구원으로 재직하면서 토목 분야 소프트
웨어를 개발하였다. 이후 텍사스대학(오스틴)에서 건설관리 석
사를 받고 애리조나대학(투손)에서 수문학 석사를 받았다. 애
리조나대학에서 NASA의 기후변화 초창기 연구에 참여하면서
처음으로 GIS(Geographical Information System)를 접했다. 컴퓨
터 관련 지식이 좋았던 만큼 컴퓨터와 지도분석 기술을 융합한
GIS는 내게 상당히 매력적이었다. 이후 당시에 GIS 분야 연구
를 활발하게 진행하던 위스콘신대학(매디슨)에서 GIS 분야 박
사학위를 받았다. 위스콘신대학에서 박사를 하면서 수문학 석
사였던 나는 당시 큰 환경적 이슈였던 오대호 주변의 도시비점
오염원 연구에 참여하게 되었다. 그러면서 수문학과 GIS, 원격
탐사를 활용한 수질환경연구를 하면서 나름 다학제적인(multi-

disciplinary) 폭넓은 경험을 하게 되었다.

귀국 후에는 KIST 시스템공학연구소(SERI)에 근무하면서 미국에서부터 해 오던 일과 동일한 연구과제를 맡았다. GIS와 모델, 데이터베이스를 통합한 통합수질관리시스템의 구축이었다. 이는 당시 제법 큰 규모의 환경부 구축과제인 G7프로젝트에 속한 과제였다. 과제 책임자로 활동하면서 당시로선 국내 최초로 GIS 기반 오염관리예측시스템인 수질정보종합관리시스템을 개발하였다. 이후 인하대 지리정보공학과로 자리를 옮겨 교육과 연구에 몰두하면서, 한편으로 국가에서 추진하였던 국가GIS사업의 기획과 예산 확보를 위하여 힘썼다. 요새는 GIS가 공간정보라 불리며 대중에게 많이 친숙해졌지만, 내가 신임 교수로 근무할 때만 해도 지리정보라 일컬어지면서 많은 이에게 생소한 분야였다.

27년간의 인하대학교 재직 동안, 컴퓨터를 기반으로 다양한 지도정보를 분석해서 많은 분야에 적용하는 GIS의 특성상 여러 분야를 알게 되었다. 특히 학사부터 석사 · 박사에 이르기까지 각기 다른 분야를 전공한 나는 IT부터 GIS, 수자원과 물관리 분야, 수질과 환경, 재난방재 분야에 이르기까지 상당히 폭이 넓은 분야를 다룬 셈이다. 물론 그 내면을 들여다보면 물과 관련된 분야에 GIS를 적용하는 연구를 평생 했다고 해도 과언이 아니다. 실제 대학에 재직하면서 발표한 학술논문과 업적의 대부분이 물과 GIS에 관련된 것이었다.

GIS의 특성상 다양한 정부기관과 공공기관, 지자체, 회사 등을 접하다 보니 아는 것도 많아지고 그에 따른 문제점도 파악하게 되었다. 나름 생각하기를 이러한 문제점을 신문지상에 알리고 함께 대안을 찾아 국가 발전에 이바지해 보자는 의도에서 기고를 시작하였다. 시간이 흐를수록 기고가 늘어나면서 퇴임할 때까지 기고문이 모두 113편에 달하였다. 기고문을 쓰다 보면 본의가 왜곡되거나 오해를 받기도 했지만 의미를 두고 쓰는 글인 만큼 멈추고 싶지는 않았다.

나는 2008년부터 시작된 '4대강 살리기 사업'이 우리의 현실을 고려하면 바람직하다는 생각에 이와 관련된 기고를 여러 차례 하였다. 기고문들을 통해 문제점을 공감하고 중지(衆智)를 모아 대안과 해결책을 찾는 데 이바지하려고 노력하였다. 그러나 그 결과는 미지수다. 아마도 그것을 판단하는 데는 좀 더 시간이 필요할 것 같다.

평생에 걸쳐 한 연구가 물과 GIS를 대상으로 했던 만큼 전체 기고문에서 물과 환경 관련 기고가 대부분을 차지한다. 이 중 주요한 것들을 골라 「수자원/물관리」, 「물산업」, 「물환경/녹색에너지」, 「4대강 살리기」, 「GIS/IT」, 「재난방재」, 「대학행정」 등 7개 분야로 정리하였다. 아울러 기고문을 작성하면서 당시 느낀 소회도 간략히 첨부하였다.

퇴임을 하면서 '27년 간 대학에서 내 본연의 역할에 얼마나 충실했는가'라는 질문에는 감히 답할 자신이 없다. 나름 최선을 다했노라고 답할 수는 있겠지만 실제 보이는 결과는 최선과는 거리가 있는 것 같다. 조용히 나 자신을 돌아보면서 앞으로 인생 2막을 어떻게 꾸려 갈 것인가 하는 문제를 생각해 본다. 그간 나를 도와준 많은 분들께 나의 소회를 적은 책을 증정하면서 감사의 인사를 대신하고 싶다.

2022년 2월, 인하대학교 연구실에서

玄潭 김 계 현

차례

Ⅰ 수자원/물관리

북한강 전경

한강 제1지류로서 길이가 291.3㎞에 달하고 유역면적은 북한 지역을 포함하면 11,343㎢, 남한 지역만은 7,787㎢이다. 우리나라 하천은 국가하천과 지방하천, 소하천으로 나뉘는데, 하천의 총 길이는 국가하천이 3,002㎞, 지방하천이 26,781㎞, 소하천이 29,700㎞에 달한다.

나는 고전적인 방식으로 홍수와 가뭄에 대처하기보다는 IT 기술의 활용을 주장해 왔다. 즉, 하드파워와 소프트파워를 적절히 융합하는 스마트한 대처의 필요성을 역설했다. 아울러 관련 제도 개선과 부처 간 이기주의를 타파하고 국가 차원에서 보다 합리적인 물관리를 위한 제언도 하였다. 물론 그간 많은 변화는 있었으나 아직도 지속적인 노력이 필요하다.

우리의 일상생활에서 떼어 놓을 수 없는 수돗물값과 서비스 양극화, 최근 수도권의 흑수와 적수 같은 수질 사고 등은 늘 국민에게 부담을 안겨 왔다. 나는 IT/GIS 기술을 활용하여 이를 개선해 보고자 노력하였다. 흔히들 문제가 발생하면 예산 부족과 인력 부족을 핑계로 내세우지만, 그 이전에 인적 쇄신과 조직 혁신도 시급한 과제라고 생각한다.

노후화된 댐과 제방의 개보수도 시급하다. 그나마 30여 개의 다목적댐이나 용수전용댐은 형편이 나은 편이다. 반면, 지자체 산하 1만 5000여 개의 중소 저수지 관리는 허술한 실정인 만큼 보다 스마트한 제방관리를 추진해야 한다. 아울러 댐 건설에서 탈피하여 용량이 큰 농업용 저수지를 리모델링하여 물그릇을 키우고, 유역간 물 이동을 통한 보다 유연한 수자원 공급체계 구축도 필요하다. 나아가 해수담수화의 적극적 도입과 지하수 댐과 같은 신기술 개발, 댐관리 일원화에 따른 기존 수력발전댐을 다목적댐으로 전환하여 물관리 효율성 증대 등 물공급의 패러다임 전환도 필수이다.

늦은 감은 있지만 4년 전부터 효율적 물관리를 위하여 환경부로 물관리가 일원화된 것은 고무적이다. 그러나 과연 환경부가 물관리 주체로서 치수관리 역량을 갖추고 예산 확보 등 강한 의지도 가지고 있는지 의문이다. 국가 물관리위원회와 환경부산하 4대강조사평가위원회의 제반 구성과 운영에 대해서도 잡음이 많다. 특히 상류 댐은 환경부가, 하류 하천과 제방은 국토부가 관리하는 '따로국밥'식 관리나 과거 정부에서 힘들게 정리했던 댐관리 일원화도 없던 얘기가 된 것은 아쉬움이 크다. 무엇보다 정책 구현에 가장 기본인 법령 등의 정비를 서둘러야 할 것이다.

이와 함께 물로 인한 갈등을 해결하는 것도 시급한 과제이다. 지역 주민의 이해관계를 아우르는 소통을 기반으로 다양한 이해관계자들의 자발적 참여조직(거버넌스)을 구축하여 풀어 가야 할 것이다. 대표적으로 대구·경북 지역의 맑은 물 공급을 위하여 추진해 온 낙동강 취수원 이전과 이와 관련된 울산 반구대 암각화 해결 등 해묵은 과제들을 해결해야 할 것이다.

- "治水 능력·의지 부족이 키운 官災 수해", 문화일보 | 2020년 8월 14일
- "그린뉴딜 하겠다면 '스마트제방관리'부터", 조선일보 | 2020년 8월 12일
- "심각한 댐 노후, 더 이상 방치할 수 없다", 조선일보 | 2019년 2월 25일
- "물 공급의 패러다임 전환이 시급하다", 중앙일보 | 2016년 7월 2일
- "물관리 백년대계의 첫걸음 떼다", 국민일보 | 2016년 6월 15일
- "반구대 암각화 살리고 물 부족도 해결하려면", 조선일보 | 2016년 5월 5일
- "임진강 상류에 조만간 북한댐 10개…, 경기 북부도 맘 놓고 세수 못 할 수도", 조선일보 | 2015년 10월 28일
- " '인공지능 물관리'로 물 부족 해소를", 조선일보 | 2015년 5월 28일
- "댐 건설 둘러싼 갈등관리의 해법", 서울신문 | 2014년 8월 6일
- "기후변화에 대응하는 인프라건설", 국민일보 | 2012년 9월 11일
- "水資源정책, 지속가능성 역점 둬야", 문화일보 | 2012년 3월 21일
- "빗물관리도 과학이다", 세계일보 | 2011년 7월 7일
- "물관리도 이젠 과학이다", 세계일보 | 2011년 3월 31일
- "수도 누수만 줄여도 가뭄 걱정 던다", 동아일보 | 2009년 4월 9일
- "밥그릇 싸움에 찢어진 댐관리", 조선일보 | 2008년 12월 18일
- "수리권(水利權)과 물값", 조선일보 | 2008년 11월 4일
- " '수돗물 양극화' 해소 시급하다", 조선일보 | 2008년 9월 4일
- "유비쿼터스 기반의 물관리 필요하다", 조선일보 | 2005년 11월 29일

治水 능력·의지 부족이 키운 官災 수해

문화일보 | 2020년 8월 14일

올해 장마는 새삼 기후변화가 가져올 자연재해에 대한 경각심을 다시 한번 상기시켰다. 현재까지 장마기간은 역대 최장인 51일이고 누적강수량은 기존 최장 장마인 2013년 강수량의 2배인 780㎜이다. 인명 피해도 지난해의 3배인 50명에 이재민도 11개 도시 8000여 명에 이른다. 산사태도 1500여 건이 발생해 피해액 1000억 원에 9명의 목숨을 앗아 갔다.

이번 장마가 예년에 비해 특이한 것은 합천댐과 섬진강댐, 용담댐의 방류로 인해 침수 피해가 커졌다는 사실이다. 항상 홍수로부터 국민을 보호하던 다목적댐의 방류로 인한 피해는 큰 충격이다. 특히, 정부에서 2년 전부터 더 효율적인 물관리와 홍수 피해를 줄이기 위한 물관리 일원화를 추진하고 있다는 점에서 충격은 더욱 크다. 이번 댐 방류 사태를 보면서 심각하게 짚고

가야 할 것들이 있다.

우선, 환경부에서 물관리 일원화의 주체로서 무엇보다 중요한 치수관리 역량을 갖췄느냐는 것이다. 실제 데이터에서 나타났듯이 이번 홍수에서 3개 댐의 수위는 2017년 홍수와 비교하면 5~10m가량 높게 유지됐다. 이는 2년 전 한국수자원공사가 환경부로 옮겨 오면서 수량보다는 수질에 더 치중한 것으로 보는 시각이 많다. 당연히 환경부는 홍수보다 갈수기의 녹조 등을 고려했기 때문이란 것이다. 그러나 수질개선이나 수생태 보호도 중요하지만, 그 전에 홍수로부터 국민 생명을 보호하는 치수가 무엇보다 우선이다.

둘째, 환경부에서 과연 치수관리를 위한 강한 의지를 갖고 있는지도 의문이다. 정책 목표 달성을 위한 사업 추진에 있어 예산 확보는 기본이다. 반면, 올해 환경부 예산 9조 4000억 원 중 물환경과 물통합 부문은 3조 7000억 원에 이르지만, 수자원 관련 예산은 2900억 원으로 전체 환경부 예산의 3%에 불과하다.

셋째, 2년 전 제정된 물관리기본법에 따라 물 관련 정책 수립과 분쟁 등을 조정하기 위한 국가물관리위원회를 구성했다. 그러나 실제 위원회 위원 중 당연직을 제외한 민간위원 19인 중 수자원 전문가는 단 2인뿐이다. 수질환경 전문가와 시민단체 대표에 비교가 안 되는 소수다. 치수에 대한 불안감을 떨칠 수 없다.

넷째, 물관리 일원화에 따른 치수 능력 증대에 있어 정부 의

지도 의문이다. 상류 댐은 환경부, 하류 하천과 제방은 국토교통부가 따로 관리하는 것은 물관리 일원화 취지에 맞지 않는다. 더욱이 홍수예방을 위한 치수사업은 10년 전 1400억 원에서 올해 330억 원으로 77%가 줄었다. 섬진강을 포함한 3000㎞의 국가하천 관리 예산도 계속 삭감돼 올해 5000억 원으로 예년의 절반 수준이다. 여기에 3만 6000㎞에 이르는 지류·지천 정비 예산도 전년 대비 계속 삭감되는 추세다. 나아가 지난 정부에서 산업통상자원부 산하 전력댐관리를 수자원공사로 이전해 댐관리를 일원화했다. 그러나 정권이 바뀌면서 없던 일로 돼 효율적인 물 공급과 홍수 관리 능력의 증대 차원에서 안타깝다.

끝으로, 이번 사태는 관련 부처 간 이기주의와 조직 관리 미비로 관재(官災)의 형태로 나타난 일인 만큼 재정비가 시급하다. 여기에, 가장 근간이 되는 물관리 관련 법령도 일원화 이후 83개로 늘어나고 부처 계획도 64개 늘어나니 정리를 서둘러야 한다. 부처별 제각기 '따로국밥' 형태의 물관리는 오히려 국민에게 피해와 부담을 가중시킬 뿐이다. 차제에 정부와 환경부는 앞으로 나아갈지, 2년 전으로 환원할지, 또 다른 절충안을 택할지를 확실한 의지를 가지고 정리해야 한다.

그린뉴딜 하겠다면 '스마트 제방 관리'부터

조선일보 | 2020년 8월 12일

6월 24일부터 48일째 이어져 온 올해 장마는 이미 과거 30년간 평균 장마 기간(32일)의 1.5배가 됐다. 이 기간 전국 평균 강수량은 최장 장마(49일)를 기록한 2013년 강수량 406㎜의 두 배(750㎜)에 달한다. 인명 피해도 50명으로 집계돼, 작년 풍수해 인명 피해 17명의 3배에 달한다. 2011년 호우와 태풍으로 78명이 사망·실종된 이후 9년 만의 최악 상황이다. 산사태도 1000여 건, 그로 인한 사망·실종자도 6명이었다.

앞으로 보다 우려되는 것이 제방 붕괴에 의한 피해다. 이미 섬진강과 낙동강에서 제방 붕괴 사태가 발생하였다. 그뿐 아니라 경기도 이천 산양저수지가 붕괴해 3340명의 이재민이 발생했고, 충북 제천과 전북 장수 등에서 저수지 제방이 붕괴 조짐을 보여 심각한 불안을 야기하고 있다. 국내 1만 8000여 농업용 저수지는 84%가 만든 지 50년이 넘고, 30년 이상 된 곳은 95%에 달하여 제방의 노후도가 심각하다. 1961년 남원 효기 저수지 제방 붕괴로 사망 110명, 이재민 1400여 명이 발생했고 가옥 200여 채가 파괴된 것을 명심해야 할 것이다. 지금도 이 지역에서는 매년 희생자들 명복을 비는 위령제를 지내고 있다. 이번 장마에서도 전국 많은 저수지가 만수위에 도달하면서 붕괴 우려를 낳고 있다.

수자원공사에서 관리하는 30여 대규모 다목적·용수 전용댐이나 농어촌공사에서 관리하는 대규모 저수지의 제방 관리는 그나마 형편이 나은 편이다. 반면 지자체가 관리하는 1만 5000여 중소 규모 저수지의 제방 관리는 열악한 지자체 예산이나 인력, 전문성으로 허술하기 짝이 없다. 관리도 과거 아날로그 방식에 머물러 있다. 또한 저수지 개·보수 예산마저 과거 2200억 원에서 올해는 800억 원으로 삭감되었고, 이 부분도 제방의 안전을 위태롭게 하는 요인이다.

여러 여건상 제방의 개·보수를 완벽히 하는 것은 불가능하다. 부족한 여건에서라도 서둘러 전국 저수지 제방의 안전도를 재점검해야 한다. 노후도가 심한 제방은 시급하게 개·보수를 해야 하고, 사전에 위험도를 평가하여 심각한 경우 주민 대피 등 비상시의 대비 시스템을 구축해야 한다.

안타까운 것은 우리가 이미 십여 년 전부터 개발한 스마트 제방 관리 기술이 활용되지 못하고 있다는 점이다. 스마트 제방

관리는 제방 내부 수위와 강우량, 누수 정도를 측정해 물의 침투 여부를 파악하고, 물의 침투로 인한 제방 내부의 침식, 내부 유속과 수위, 하도(河道) 특성의 변화, 침식량 등을 파악해 제방이 움직이고 있는지 여부를 감시하는 것이다. 이뿐 아니라 제방의 세굴이 진행되고 있다면 그 정도와 위치 등의 정보도 실시간 모니터링 하는 것이다.

이러한 정보를 종합함으로써 제방의 붕괴 가능성을 예측해 풍수해로부터 주민 안전을 꾀할 수 있다. 이미 스마트 제방 관리에 필요한 핵심 기술인 무선 정보 인식 장치와 센서망 그리고 데이터베이스 구축 기술은 우리가 세계 최고 수준이다.

IT 강국으로서 기후변화 시대 풍수해에 대비하는 스마트 제방 관리는 국내에 적용할 수 있는 것은 물론, 3만 5000여 노후댐을 보유한 이웃 중국 시장으로의 진입까지 기대해 볼 수 있는 분야다. 북한의 댐과 저수지 역시 반 이상이 만든 지 50년 이상으로 노후도가 심각한 상태다. 제방 관리 분야는 남북 수자원 협력의 좋은 사례가 될 수 있다. 그러나 현재 정부에서 추진하는 그린뉴딜 청사진에는 풍수해 예방 관련 사업이 전무한 실정이다. 스마트 제방 관리야말로 그린뉴딜의 취지에 정확히 맞아떨어지는 분야이다.

심각한 댐 노후, 더 이상 방치할 수 없다

조선일보 | 2019년 2월 25일

지난 1월 브라질 남동부 지역 광산댐의 붕괴로 인한 사망·실종자가 370여 명에 달했다. 고농도 중금속을 포함한 엄청난 토사 유출로 심각한 환경오염은 물론 경제적 피해도 25조 원에 달한다고 한다. 이 지역은 3년 전에도 댐이 붕괴해 20여 명의 사망자와 6조 원의 경제적 피해를 입었다. 미얀마에서는 작년 8월 폭우로 댐이 붕괴해 5만여 명이 긴급 대피 했고 그 한 달 전에는 라오스에서 공사 중이던 댐 붕괴로 300여 명의 사망자가 발생했다.

댐 사고는 선진국도 예외는 아니다. 댐 건설·관리에서 세계 최고 기술을 자부하는 미국에서도 지난 2017년 2월 높이가 소양댐의 2배인 234m의 캘리포니아 오로빌댐이 붕괴 위기를 맞으면서 주민 20만 명에게 대피령이 내려지고 트럼프 대통령은 연방 재난 지역을 선포했다. 다행히 비가 그쳐 위기를 모면했지만 이후 1조 3000억 원을 들여 보수 공사를 해야 했다.

댐 붕괴는 인명 피해는 물론 환경 재앙과 막대한 경제적 피해 등 국가적 재난을 초래한다. 붕괴의 직접적 원인은 주로 폭우로 인한 범람이지만 평상시 댐의 안전 관리 미흡이 핵심이다.

우리나라도 댐 노후가 심각하다. 규모가 큰 30여 개 용수전용 댐과 다목적댐은 상태가 나은 편이나 1만 8000여 개 농업용 댐(저수지)은 70% 이상이 만든 지 50년이 넘었다. 이 중 3000여 개 대규모 농업용 댐은 대다수가 안전 등급 C·D 수준으로 매우 열악하다. 1961년 7월 발생한 남원 효기 농업용 댐 붕괴로 사망자 110명, 이재민 1400명이 발생했던 과거를 잊지 말아야 한다.

최근 6~7년 동안 농업용 댐 붕괴 사고가 잇따랐다. 한 건의 대형사고는 29건의 작은 사고와 300건의 이상 징후를 수반한다는 하인리히 법칙을 연상케 한다. 댐의 안전도를 높이는 과정에서 농업용 댐은 저수량 증대는 물론 기후변화 시대에 이상 가뭄과 극한 홍수에 대비하고 수력발전과 수변경관 창출 등의 효과를 갖는 다목적댐으로 변신이 가능하다. 일자리 창출로 인한 경제적 효과도 대단하다. 대표적 사례로 2015년에 완공된 성덕댐을 들 수 있다. 나아가 댐 안전 분야의 투자는 연간 20조 원이 넘고 대형 댐을 1만 9000개나 가진 이웃 중국 댐시장 진출로 국내 경제의 활성화에 엄청난 기여를 할 수 있다.

물 공급의 패러다임 전환이 시급하다

중앙일보 | 2016년 7월 2일

6월 14일 발표된 댐관리 일원화는 정부 차원의 획기적 물관리 기능의 조정으로 지난 30년에 걸친 갈등과 논쟁에 종지부를 찍었다. 그동안 두 개의 기관으로 이원화돼 관리되던 다목적댐과 수력발전댐이 한국수자원공사로 관리가 일원화된 것이다. 이는 기후변화와 물 부족 시대에 국가 물 안보 차원의 효율적 물관리를 위한 정부의 노력과 결단이 있었기에 가능했다.

댐관리 일원화를 통한 다목적댐과 수력발전댐을 실시간 연계·운영하면 그로 인한 물관리 효과는 대단하다. 용수 저장 능력이 9억t에 달하며, 이는 현재 건설 중인 영주댐의 5배에 달하고 홍수 대응 능력도 2.4억t 증가한다. 유엔 보고서도 명시했듯이 기후변화의 영향은 90%가 물관리와 직결되는 만큼 댐관리 일원화를 통한 우리의 기후변화 대비 능력이 상당히 증가할 것으로 예측된다.

이러한 노력에도 불구하고 향후 기후변화와 물 부족은 대단히 심각할 것으로 우려된다. 실제 104년 만의 가뭄으로 불린 2012년 가뭄 이후 3년이 지난 지난해 충남 보령댐의 저수율은 역대 최저인 20% 이하에 머물렀고 강수량도 평년 대비 63%에 지나지 않았다. 이로 인해 당진·서산 등 충남 서부 8개 시·군에 127일 동안 제한급수가 이루어졌고 지역 주민 역시 404만t의 물을 절약하는 가뭄 극복의 주역이 됐다. 우리나라는 5~10년 주기의 크고 작은 가뭄이 오는 것으로 조사됐으나 최근에는 빈도와 크기를 가늠하기 어렵게 됐다. 아울러 늘 반복되던 봄철 농번기에 도움을 주는 '착한 태풍'도 최근 들어 뜸하다. 바로 기후변화로 인한 물 부족이 이제 우리에게 일상으로 다가온 것이다.

따라서 이번 댐관리 일원화를 바탕으로 기후변화에 대비하는 국가적 역량을 더욱 키워야 한다. 이를 위해 기존에 우리가 갖고 있는 물 공급의 패러다임을 바꿔야 한다. 그 첫째가 댐 건설에 전적으로 의존하는 기존 사고에서 탈피하는 것이다. 댐 건설을 통한 물 공급과 홍수 방어의 전통적 방식은 21세기의 대안은 아니다. 댐 적지도 줄거니와 사회적·환경적 이슈로 댐 건설은 매우 어렵다. 따라서 무엇보다 기존 자원을 활용해야 한다. 우리는 전국에 소규모 농업용 저수지부터 댐을 포함해 1만 7571개에 달하는 물그릇이 있다. 하지만 그릇이 너무 작아 모두 채워도 170억t이 채 안 돼 우리나라 반년 치 물 사용량에 불과하다. 따라서 상대적으로 규모가 큰 농업용 저수지를 리모델링해 물그릇을 키우고 다목적댐으로 활용해야 한다.

둘째, 유역 간 물 이동이 가능한 수자원 공급 체계를 구축해야 한다. 즉 한강-낙동강의 물 이동이나 소유역 간 물 이동 등전 국토를 하나의 물그릇으로 만드는 고민을 서둘러야 한다. 실제 지난해 가뭄에는 충남 서부권의 가뭄 대응 비상 체계 구축을 위해 금강의 백제보에서 보령댐으로 용수 공급을 위한 비상관로도 건설해 지역별·유역별 용수 수급의 불균형 해소에 기여했다. 해외에서는 이미 기후변화로 인한 미래 물 재난을 기정사실화해 유역 간 물 이동을 위한 각종 프로젝트를 수행 중이다. 60년대부터 전 국토에 물 저장시설을 만들어 가뭄에 대비하는 이스라엘, 가뭄 상습 지역 전체를 파이프로 연결하는 사업을 진행 중인 호주, 부족한 북부 지방의 물을 남쪽 양쯔강에서 공급하는 중국의 남수북조사업, 중서부 지역 홍수량을 물이 부족한 서부로 공급하는 미국의 스마트워터그리드사업 등이 대표적이다.

셋째, 해수담수화의 도입도 서둘러야 한다. 상수도 보급률이 거의 100%에 달하지만 아직도 제한급수가 일상화된 해안과 도서 지역이 여전히 많다. 따라서 해수담수화를 적극 도입해 보조 수자원의 위상이 아닌 담수자원과 동등한 수자원으로 적극 활용해야 한다. 해수담수화의 주요 걸림돌은 높은 생산단가였으나, 지난 20년에 걸쳐 20분의 1 수준인 0.5달러에 이르렀다. 이는 2025년 연간 50조 원 규모로 형성될 해수담수화 시장을 선점하기 위해 많은 국가가 노력한 대가다. 더욱이 해수담수화는 막대한 해외 물시장 선점으로 우리 경제 활성화에 기여함은 물론 막·관·밸브 등 수많은 기자재가 사용되는 친중소기업 산업으로 대기업과 동반 성장에도 매우 유리하다.

넷째, 상습 가뭄피해 지역의 용수 공급을 위한 실효적이고 항구적인 대책으로서 새로운 개념의 지하수 댐을 도입해야 한다. 상대적으로 소규모의 유역 면적과 공급 능력을 갖는 지하수 댐은 지하에 물 흐름을 차단하는 벽을 만들어 지하수를 저장·활용하는 친환경적 수자원 확보시설이다. 증발로 인한 물의 손실이 없고 저렴한 공사비에 수질이 양호하다는 측면에서 소규모 급수 지역에 효율적이다.

끝으로 이번 댐관리 일원화로 수자원공사에서 관리하게 될 10개 수력발전댐의 용도는 여전히 발전댐이다. 발전댐은 단순 시설물로 간주돼 수질 관리가 열악해 수질사고 위험이 크며 댐 지역 주민 혜택도 전무하다. 반면 다목적댐은 댐법에 근거한 엄격한 수질 관리로 양질의 상수원 확보가 가능하고 수계관리기금을 활용한 댐 지역 주민 지원도 가능하다. 서둘러 다목적댐으로 용도 변경해 물관리 효과를 높이고 주민 복지에도 기여해야 한다.

물관리 백년대계의 첫걸음 떼다

국민일보 | 2016년 6월 15일

지난해 9월 미국 항공우주국이 화성에 물이 흐르고 있다는 증거를 발표하자 지구촌이 들썩였다. 외계 생명체의 존재 가능성이 높아졌기 때문이다. 반면 물은 생명을 앗아 가는 재앙이 되기도 한다. 얼마 전 파리는 35년 만의 대홍수로 센강이 범람 위기에 처했고, 3월엔 중국 남부의 홍수로 750만 명 이재민이 발생했다.

이런 때 반가운 정책이 발표됐다. 에너지·환경·교육 등 3대 공공기관의 기능조정 방안에 포함된 물관리 일원화가 그것이다. 그동안 팔당댐 등 10개 수력댐은 한국수력원자력이, 소양강댐 등 18개 다목적댐은 K-water가 관리하는 이원 체계였는데 정부에서 미래 물관리의 중요성을 인지하고 물관리 전문기관 K-water로 일원화하기로 했다.

수력발전댐을 전체 물관리 관점에서 유기적으로 운영하면 유역 전체에 고도화된 강우 예측 및 홍수·가뭄 분석 기술을 적용해 더 효율적인 물관리가 가능해진다. 구체적으로 한강 수계의 다목적댐과 수력발전댐을 실시간 연계·운영하면 연간 홍수 조절용량 2.4억㎥을 추가 확보 하고, 8.8억㎥의 물을 더 저장해 홍수·가뭄피해를 획기적으로 줄일 수 있다. 이는 1.1조 원을 들여 건설 중인 영주댐 약 5개를 건설하는 효과다. 또 상류 댐의 방류량 조정으로 녹조 저감 등 수질이 개선되고, 북한강 수계는 북한의 수공(水攻) 위협에 대한 대응 능력도 강화된다.

이렇게 국가 물관리에 한 획을 긋는 댐관리 일원화는 복잡한 이해관계가 얽힌 해묵은 과제였다. 그렇기에 정부의 이번 결정이 소중하게 느껴진다. 우리나라 물관리의 새로운 시대를 열게 한 결단은 무엇보다 국익을 앞세운 원칙이 있었기에 가능했을 것이다.

이왕에 시작된 물관리 백년대계를 제대로 정착시켰으면 한다. 이를 위해서는 물관리 기본법이라는 제도적 뒷받침이 필수적이다. 물관리 선진국들은 이미 도입해 시행 중이고 국내에서도 많은 전문가가 촉구하고 있지만 15대 국회 이후로 수차례 법안만 발의되고 아직까지 해결되지 못했다. 20대 국회에서는 빠른 시일 내에 국회를 통과하여 우리나라 물관리가 한층 더 발전하기를 기대한다.

반구대 암각화 살리고 물 부족도 해결하려면

조선일보 | 2016년 5월 5일

울산 반구대 암각화(국보 285호)의 보존 대책으로 울산시와 정부가 추진해 온 키네틱이라는 가변형 일시 물막이 댐 사업이 실패할 가능성이 커졌다. 지난달 25~26일의 세 차례 모의실험에서 누수 결함이 노출되면서 부정적 전망이 지배적이다.

태화강 상류 대곡천에 사연댐이 건설되고 6년 후인 1971년에 발견된 반구대 암각화는 1년 중 3~6개월은 물에 잠겨 보존 대책이 2003년부터 논의됐다. 하지만 물 사정이 열악한 울산시에 용수 공급을 하려면 사연댐 수위를 낮출 수 없다. 그래서 수위를 그대로 유지하면서 반구대를 보존하는 방법으로 키네틱 댐 아이디어가 나왔던 것이다.

이 문제의 좀 더 안정적이고 영구적인 해결책은 낙동강 중류

운문댐에서 울산 쪽으로 물을 보내는 것이다. 그러면 사연댐에서 울산시로 보내는 물 공급 부담이 줄어 댐 수위를 낮출 수 있기 때문에 암각화 침수 문제는 저절로 해소된다.

이것은 2009년부터 대구·경북 지역 맑은 물 공급을 위해 추진해 온 '낙동강 취수원 상류 이동'만 이뤄지면 가능하다. 현재 낙동강-금호강 합류 부근의 매곡·문산 취수장을 구미공단 상류로 옮기자는 것이다. 이는 오래전부터 대구·경북 지역 숙원이기도 하다. 기존 취수장이 구미공단 하류에 있어 수질오염 사고에 워낙 취약하기 때문이다. 실제 지난 2009년 구미 지역 9개 화학섬유 업체에서 다이옥산이 유출되면서 수돗물 발암물질 소동이 빚어졌다. 정부는 대구 취수원을 구미 해평취수장으로 옮기는 안과 구미공단 상류의 강변 여과수를 개발하는 안을 제시해 왔다. 이렇게만 되면 대구·경북 지역 주민들은 안심하고 맑은 원수로 수돗물을 만들어 마실 수 있다. 문제는 구미의 반대다. 취수 지역 상류 일대가 상수원보호구역으로 지정돼 개발권과 재산권이 제약받고 가뭄 때 수량 부족과 수질 악화 등이 우려되기 때문이다.

70만t의 맑은 물을 생산하는 이 사업은 대구·경북 지역 6개 시·군 200만 명의 식수 안전에 직결되는 만큼 꼭 이뤄져야 한다. 다만 구미 주민들에게 일방적 희생을 강요해선 안 되고 대구·경북 지역에서 혜택을 보는 만큼 구미에도 상응하는 대가를 주어야 한다. 상수원 보호 때문에 개발 제한을 받는 상류 지역 주민들을 지원하기 위해 하류 주민들 수돗물값에 보태 부과하는 물이용부담금 등의 재원을 확대하는 것도 방안이 될 수 있다.

취수원이 이전되면 울산 지역 물 공급에도 숨통이 트인다. 낙동강 상류에 새로운 취수원을 만들면 그동안 하루 21만t씩 용수를 대구시에 공급해 온 경북 청도의 운문댐에 여유 수량이 생긴다. 운문댐에서 울산까지 50㎞의 관거를 설치하면 하루 12만t 정도의 용수 공급이 가능하다. 낙동강 물을 태화강 유역인 울산에 일종의 '유역변경' 방식으로 공급하는 것이다.

인구 120만 명의 울산시는 울산 지역 3개 댐에서 하루 35만t의 물을 취수하고 부족분은 낙동강 하류 물금취수장을 통해 쓰고 있다. 낙동강 하류 물은 아무래도 수질이 열악하고 연평균 6건의 수질 사고가 발생한다.

결국 구미의 새 취수원 개발은 대구·경북 일대에 맑은 물을 공급하는 사업이면서 울산의 물 부족 문제도 해결하고 아울러 반구대 암각화 보존도 되는 일석삼조의 방안이다.

임진강 상류에 조만간 북한댐 10개…,
경기 북부도 맘 놓고 세수 못 할 수도

조선일보 | 2015년 10월 28일

40년 만의 극한 가뭄으로 대형 댐도 말라가고 있다. 피해가 심한 충남 서산·당진 지역은 물이 풍부한 4대강 보(洑)와 연결되는 비상관로를 설치하는 등 대안을 마련 중이다. 반면 이런 대안마저 힘든 지역이 있으니 바로 수도권의 임진강 유역이다.

8000㎢ 면적의 임진강 유역은 3분의 2가 북한에 속해 있어 남한으로 흐르는 물의 대부분을 북한에 의존한다. 남한 유역엔 90만 명의 인구와 2300만 평의 농지가 있고, 4억t의 용수가 필요하다. 그러나 작년과 올해 강수량이 평년 대비 절반 정도에 불과해 주민 고통이 심각하다. 이런 고통을 가중시키는 것이 북한의 일방적 임진강 물 사용이다.

북한은 일찍이 부족한 물과 전력 확보를 위해 유역 변경을 하는 소위 물물이 사업을 해 왔으며, 임진강도 예외는 아니다. 2009년부터 가동을 시작한 임진강 상류 황강댐(예성강댐)에서 임진강 물을 예성강 유역으로 흘려보내면서 남측 유량이 30% 이상 줄었다. 이로 인해 기본적 하천 상태 유지에 필요한 연간 1억 3000만t에 턱없이 부족한 8700만t 정도만 흐르는 실정이다. 이뿐 아니다. 북한은 황강댐 상류에 댐 3개를 추가로 건설해 대동강과 원산 지역으로 물을 보내고 발전도 추진 중이다. 향후 2~3년 내에 임진강 상류에 모두 10개의 크고 작은 댐이 가동하게 돼 심각한 물 부족이 우려된다.

북한의 댐 건설은 너무 일방적이다. 2007년 황강댐 건설을 계기로 우리 정부는 4차례에 걸쳐 이의를 제기했으나, 북은 군사적 문제라며 답변을 회피했다. 1997년 UN이 제정한 국제수로협약은 국제공유하천에 인접한 국가에 피해를 주지 말아야 한다고 규정했다.

정부는 적극적 지속적 대응으로 북의 성의 있는 조치를 이끌어 내야 한다. 북한에 중·장기 기상예보와 실시간 집중호우 및 태풍 정보 등을 제공하면서 북한을 남북 물 문제 공론의 장으로 이끄는 것도 생각할 수 있다. 우리 기술과 자본으로 북한에 댐을 건설해 전력은 북한이, 물은 남북한이 공유할 수도 있다. 나아가 우리 유역 내 군남 홍수 저류지와, 조만간 준공 예정인 홍수 조절용 한탄강 댐에 용수 확보 기능도 추가해야 한다.

'인공지능 물관리'로 물 부족 해소를

조선일보 | 2015년 5월 28일

정보통신과 인터넷 기술은 숱한 분야에서 세상을 바꿔 가고 있다. 전기 분야의 스마트그리드(smart grid) 시스템이 그런 예다. 스마트그리드는 전기 공급자(발전소, 송전망)와 소비자(가정 가전제품, 공장 기계)에 인공지능을 심어, 어느 도시에 전력 공급이 모자라고 어디가 넘치는지를 파악해 실시간 수급 조절을 하는 것이다. 전기 수요가 많은 시간대에 전력 요금을 높여 수요를 줄이는 반면, 소비자 입장에선 요금이 싼 시간대에 세탁기를 돌리게 된다.

스마트그리드 기술을 물 분야에 적용한 것이 스마트워터그리드다. 생산자(취수장, 정수장)와 소비자(가정, 공장)를 유·무선 네트워크로 연결해 물 수급을 조절한다. 소형 저가 센서를 취·정수장에서 가정까지 연결하는 수도관에 일정 간격으로 설치하면, 수질·수위·압력 등 정보가 즉각 지자체 물관리 센터에 들어온다. 수돗물 공급·수요 움직임이 실시간 파악 되는 것이다. 수요가 많은 시간대엔 취·정수 가동을 늘리고, 적을 때엔 가동을 줄여 운영비를 절감하고 물 낭비도 막는다. 수돗물 공급 시스템 운영비가 절감돼 연간 3조 3000억 원이 넘는 국민 물값 부담도 덜 수 있다.

연평균 8억t이 넘는 수돗물이 누수돼 그 피해액이 6000억 원에 달한다. 스마트워터그리드는 수도관 압력이 변화하는 정보로 누수 부위나 겨울철 동파에 신속히 대처하게 한다.

주민들 입장에선 자기 집 수도꼭지의 잔류 염소 등 간단한 수질과 물 사용량, 수도 요금 등을 스마트폰을 이용해 제공받는다. 이와 같은 적극적인 정보 공개는 수돗물 신뢰도를 높여 수돗물 음용률을 끌어올리는 효과도 있다. 이런 정보통신기술(ICT)을 활용하면 노부모, 노약자, 독거노인 가정의 수돗물 사용량을 통해 가족이나 지자체 공무원이 정상 생활 여부를 원격 관찰 할 수도 있다. 국토부 산하기관 등에서 이런 연구를 진행하고 있다.

스마트워터그리드는 소형화가 필수인 센서와 유·무선 통신, SW 기술의 융·복합을 수반한다. 우리 기술 수준은 실용화 이전 단계인 데모 플랜트 구현 단계까지 와 있다. 이런 융·복합 기술은 산업 파급력이 커 개발도상국에서도 반긴다. 기존 토목 위주의 하드파워와 스마트워터그리드의 소프트파워를 융합하면 어마어마한 해외 물시장 수요를 창출할 수 있다. 우리의 물 문제도 해결하면서 차세대 먹거리도 만들어 내는 지혜가 필요하다.

댐 건설 둘러싼 갈등관리의 해법

서울신문 | 2014년 8월 6일

우리는 연평균 강수량의 3분의 2가 6~9월의 홍수기에 집중하고, 전 국토의 65%가 산악지형으로 하천경사가 급하다. 또 토양층이 얇아서 수분함량 능력도 떨어진다. 따라서 물확보가 쉽지 않고 홍수피해도 빈번해서 취수와 이수를 고려한 댐건설이 불가피한 실정이다. 현재 전국의 용수공급이 가능한 댐은 16개 다목적댐을 포함하여 37개로 연중 공급 가능량이 124억t에 불과하여 연간 물 수요량의 3분의 1에 지나지 않기 때문이다. 이웃 일본의 2600여 개, 미국의 7만여 개 댐과는 비교조차 할 수 없다.

수자원의 안정적 확보와 효율적 관리를 위하여 5년마다 보완되는 수자원 장기종합계획에 따르면 2021년까지 약 4.6억t의 수자원 부족이 예상된다. 이러한 계획에 따라 치수와 이수를 목

적으로 10년마다 수립되고 5년 단위로 보완되는 댐 건설장기
계획에서는 2021년까지 14개 신규 댐을 목표로 제시하였다. 하
지만 소규모 댐 건설마저도 장기간의 찬반논쟁과 환경갈등, 지
역 내, 지역 간 갈등으로 추진이 원활치 못하다. 중앙정부와 지
방자치단체, 주민, 비정부기구(NGO) 등 이해당사자 모두 댐 건
설의 필요성을 공감하면서도 상호 협의와 합의 부족으로 원활
한 댐 건설을 못 하는 실정이다.

1998년 환경단체의 문제제기로 찬반논쟁이 촉발된 영월댐은
3년간의 논쟁 끝에 사업이 백지화되었다. 한탄강댐 역시 댐갈
등소위원회를 구성하여 2년간 협의를 진행하였으나 주민합의
에 실패하였다. 최근 영양댐 건설도 타당성 조사 단계에서 주민
과의 마찰로 해당 건설사가 주민을 상대로 손해배상을 청구 중
이다.

댐 건설을 둘러싼 민관 갈등은 선진화된 시민의식을 바탕으
로 풀어야 할 과제이다. 무엇보다 상생을 위한 양보와 함께 과
거를 돌이켜 보는 반성이 필요하다. 사실 그간의 댐 사업 추진
은 이해당사자 간 갈등에 대한 근본적 해결 없이 추진하여 갈
등이 증폭된 면이 적지 않다.

중앙정부와 지자체는 법과 원칙만을 고집하여 국책사업이란
이름으로 밀어붙였다. 사전에 충분한 시간을 갖고 주민, 환경단
체와 지속적인 협의를 통한 공감대 형성 노력이 아쉬웠다. 주민
과 환경단체 역시 환경원론적 요구로 불통을 가져오기보다는

피해 당사자는 결국 국민이란 점을 명심하여 현실을 고려한 대안 제시에 공감하는 자세가 부족했다. 11년을 끌어온 새만금사업이 그랬듯이 과거 유사 사례는 많다.

민관 갈등을 풀어 갈 우리 나름의 모델을 정립해야 한다. 무엇보다 갈등의 유형을 파악하고 이러한 갈등을 사전에 조정하는 방법론과 절차를 정리해야 한다. 이런 점에서 '댐 건설 및 주변 지역 지원 등에 관한 법률' 개정 노력은 고무적이다. 기존에 댐 건설을 위해 기본계획 수립 이후 바로 예비타당성 조사로 진행하던 방식을 바꾸어 기본계획 수립 이후 주민과 전문가, 환경단체 등을 포함하는 사전검토협의회를 거쳐 사업타당성을 검증하고 갈등조정을 위한 주민의견 수렴절차를 강제화하였다. 지역 역할을 강화하고 갈등관리에서 민주적 투명성을 높였다는 점에서 의미가 크다. 물론 제반 노력이 결실을 보려면 수렴된 의견을 겸허히 수용하려는 모든 이해당사자의 의지가 필수적이다.

기후변화에 대응하는 인프라건설

국민일보 | 2012년 9월 11일

최근 태풍 볼라벤의 위력은 인간이 자연 앞에서 얼마나 허약한가를 여실히 보여 줬다. 2002년 루사, 2003년 매미 등 볼라벤을 능가하는 수마의 횡포는 많은 비용과 노력을 투자해 건설한 경제성장의 인프라가 하루아침에 무너질 수 있다는 악몽을 꾸기에 충분했다. 매년 우리나라를 강타하는 홍수, 가뭄은 온실가스에 의한 기후변화의 영향이라는 것이 관련 학자들의 중론이다.

지난해 여름에도 서울·경기 지역에는 일강우량(서울 301㎜, 경기 450㎜) 사상 최대, 섬진강 유역에는 500년 빈도의 홍수, 충남 지역에는 104년 만의 가뭄 등이 있었다. 이렇게 이상기후 현상으로 인한 피해가 '실제상황'으로 반복되는데도 사회 일각에서 댐 건설의 불가피성을 외면하고 '콘크리트 경제', '토건족을 배불리는 사업' 등 댐의 가치를 비하하는 논리가 등장하는 데

놀라지 않을 수 없다.

우리나라는 여름철에는 빗물을 저장해 홍수피해를 줄이고 갈수기에는 이 물을 이용해 갈증에 시달리는 국민과 생산시설에 배분한다. 이 시설인 댐의 역할은 아무리 강조해도 지나치지 않다. 세계가 놀란 한국의 경제성장의 저변에는 물관리의 기본인 다목적댐 건설이 결정적이었다.

한국에선 수자원 인프라 건설에 소극적인 반면 최근 기후변화에 대비하는 외국의 관심은 놀라울 정도로 뜨겁고, 정책은 빠르게 변하고 있다. 2009년 덴마크 코펜하겐에서 개최된 '기후변화회의'에는 193개국 3만여 명이 참가했다. 2000년대 초반 댐 사업 지원 중단을 선언했던 세계은행은 지난 5월 열린 국제대댐회(ICOLD)에서 세계적 기후변화에 대비하는 데 가장 바람직한 댐 사업에 지속적인 지원 입장을 밝히며 3개 신규 댐(인도네시아, 베트남, 카메룬) 프로젝트를 승인했다.

일본은 2009년 기존 댐 건설을 철회했으나 2011년 태풍 탈라스와 2012년 규슈 지역 집중호우 등으로 막대한 피해가 발생하자 중단됐던 얀바댐 등 6개 댐 건설을 재개하는 방안을 추진 중이다. 미국은 2005년 허리케인 카트리나로 2500명이 사망·실종하고, 896억 달러의 홍수피해를 본 뒤 치수사업에 대한 경제성 평가(B/C)를 면제했다. 태국은 2011년 짜오프라야강 유역의 집중호우로 600명 이상이 사망하고 53조 원의 피해가 발생하자 117억 달러 규모의 중장기 통합물관리구축사업을 추진하

고 있다. 세계 각국은 기후변화에 따른 가뭄·홍수피해 최소화
를 위해 발 빠른 행보를 보이고 있는 것이다.

우리는 기후변화 시대에 국민의 생명과 재산을 보호하기 위
해 어떻게 해야 할 것인가. 정부는 과거 소양강댐과 같은 대규
모 댐이 아닌, 환경영향을 최소화하면서 지역의 가뭄·홍수예
방, 하천환경 개선을 위한 특성화된 중소규모 댐을 적극적으로
추진해야 한다.

우리나라도 2009년부터 재해예방사업은 예비타당성조사를
면제토록 했다. 신규 댐 사업은 법적 절차에 따라 경제성과 지
역균형발전 등을 종합적으로 분석해 타당성을 인정받은 후 추
진하고 있다. 아울러 효율적인 사업추진을 위해 계획단계부터
전문가와 지역의견을 수렴해 환경영향 최소화 대책을 수립하
고, 지역과도 긴밀하게 협력하고 대화하는 등 새로운 수자원정
책을 마련할 필요가 있다.

기후변화는 우리가 직면한 최대의 도전과제이며 물환경은 끊
임없이 변화하고 있다. 이런 위기상황을 제어하기 위한 가장 기
본적인 안전판이 무엇인지 냉철하게 고민해야 한다. 특히 국민생
활의 안전과 경제성장의 기반인 인프라 건설은 지속돼야 한다.

水資源정책, 지속가능성 역점 둬야

문화일보 | 2012년 3월 21일

3월 22일은 유엔이 정한 '세계 물의 날'이다. 갈수록 심각해지는 물 부족과 수질오염을 방지하고 물의 소중함을 되새기기 위해 1992년 12월 22일 리우환경회의의 권고를 받아들여 제정·선포한 이후 1993년부터 전 세계적으로 이날을 기념하고 있다.

수자원 보존과 식수 공급의 중요성이 날로 커지고 있는 점을 주목한 경제협력개발기구(OECD)는 지난 7일 '환경전망 2050' 물 관련 보고서(물 챕터)를 공개했다. 이 보고서는 수량과 수질, 상하수도, 물 관련 재해 등 지구촌 물 문제에 대한 2050년의 전망과 함께 다양한 정책 대안을 담고 있다. 이 보고서에서 한국과 관련된 사항은 크게 세 가지다. 4대강 살리기 사업에 대한 긍정적 의견과 함께 낮은 물값과 높은 물 스트레스로 인한 부정적 의견을 제시했다.

먼저, 4대강 살리기 사업을 녹색성장 견인을 위한 종합적 수자원(水資源) 관리의 좋은 사례로 평가했다. 물 부족과 홍수예방, 수질개선과 수생태계 복원, 수변 친수공간의 조성, 여기에 사업의 경제적 편익과 일자리 창출 등의 효과를 높게 평가했다. 나아가 4대강 사업의 경험과 기술 개발은 한국을 물관리 선도국으로 이끌 것으로 예견하고 있다.

OECD는 각국에서 제출한 자료를 다각도로 비교·분석해 국가별 현안과 대응 방향을 제시함으로써 보고서의 객관성을 높였다. 특히, 4대강 사업 반대 시민단체들도 인정하듯이 현재 세계적인 물 문제가 홍수와 물 부족(가뭄), 수질로 요약되는 만큼 이들을 아우르는 세계 최초의 종합적 수자원 관리의 시도로서 4대강 사업의 의의는 크다. 따라서 일부 정치인과 사회 일각에서 제기하는 4대강 사업의 전면 부정과 보(洑) 철거 등의 정치적 주장보다는 문제점을 보완해 기대효과를 극대화하는 노력이 절실하다. 즉, 보의 안전성을 담보하고 수질 악화 방지를 위한 철저한 조사와 검증, 포스트 4대강의 비용 효율적 관리를 위한 다양한 의견 수렴, 사업의 기대효과를 영속화하는 지류 정비 등을 위한 정부와 지자체의 노력이 시급하다.

다음으로, 보고서는 한국의 지나치게 싼 물값에 대한 경고도 담고 있다. 실제 한국의 물값은 OECD 회원국 중 멕시코와 함께 가장 싸다. 보고서는 싼 물값은 상수도 설비를 확장할 재원을 빼앗고 결국 빈곤층이 수돗물 판매자로부터 열악한 수질의 물을 구매하도록 강제한다고 평가했다. 실제로 한국은 수돗물 생산원가의 80%에도 못 미치는 물값을 정치논리로 규제하다 보니 재원이 마련되지 않아 아직도 수돗물 보급이 읍·면 지역은 절반에도 못 미친다.

국가 산업의 원동력인 산업단지 용수관로의 개체·대체가 원활치 못한 것은 물론이다. 지난 35년 간 t당 광역상수도의 건설비는 87배 오른 반면, 물값은 고작 7배가 인상됐을 뿐이다. 국가별 비교를 해도 한국의 물값은 가장 비싼 덴마크의 18분의 1에 불과하고, 가정당 물사용량은 덴마크보다 2.5배나 높다. 지나치게 싼 물값이 물 낭비를 부추기는 것이다. 물값을 현실화해야 하는 한 이유이기도 하다.

또 하나, 가용 수자원 대비 총 물수요의 백분율을 보여 주는 물스트레스가 한국은 40%를 초과해 OECD 회원국 중 가장 심각한 수준이다. 연평균 가용 수자원은 730억t 정도이나 물 수요는 340억t으로 물스트레스는 46%나 된다. 따라서 수자원의 확보와 함께 효율적 물관리를 위한 정책도 지속적으로 개발해야 한다. 아울러 정치인들의 부처 눈치보기로 국회에 6년째 계류중인 물관리기본법안을 시급히 처리해 물 절약을 보다 강제화해야 한다.

끝으로, 보고서는 물 위기에 대처하기 위해 전 세계적으로 물 분야에 대한 투자를 확대해야 한다고 강조했다. 대한민국의 세계 물시장 진출을 위한 고민이 필요한 때다.

빗물관리도 과학이다

세계일보 | 2011년 7월 7일

태풍과 홍수의 계절이 돌아왔다. 연평균 강우량의 70% 이상을 차지하는 여름철 강우는 강도가 높아 도로나 지표면에 쌓인 토사나 유기물질 등 비점오염원을 휩쓸어 하천으로 유입시켜 상수원 수질개선을 어렵게 한다.

토양 표면 또는 지표면 가까이 있는 잠재적 오염물질이 빗물에 씻겨 유출수에 포함되면서 수질오염의 원인이 되는 비점오염원은 주택이나 공장에서 나오는 공장폐수, 축산폐수, 생활하수와 같이 오염물질이 특정한 지점에서 발생하는 점오염원과는 달리 하수처리장에서 모두 처리될 수 없는 만큼 보다 과학적 빗물관리가 중요하다. 지표면에 존재하는 비점오염원 중 80%는 강우 초기 30%의 빗물에 의해 하천에 유입되는 만큼 초기 30%의 빗물관리가 중요하다. 즉, 강우 초기에 빗물을 바로 하천으로 유입시키지 말고 저류나 체류시켜 토양으로 스며들게 하거나, 일정기간 여과한 후 하천으로 유입시키는 것이다.

이런 가운데 최근 초기 빗물을 저류해 비점오염원을 최소화하기 위한 과학적 접근의 LID(Low Impact Development · 저영향개발) 기법이 주목을 받고 있다. 기법도 다양해 도시의 특성에 따라 적용도 용이하고 그 규모도 각기 다르다. 소규모 LID로는 유기물 퇴비나 비료 등을 이용해 토양의 물 저장 능력을 높이는 토지개량 방식, 주거 지역이나 주차장 등에 소규모 토착식물을 가꾸는 생태 저류셀, 자갈이나 돌로 구덩이를 파 물을 모으는 건식우물, 배수로 기능을 가진 침투 도랑, 빗물을 모아 이용하는 빗물통, 그리고 여과 기능과 함께 식생이 가능한 나무화분 등이 있다.

중간 규모로는 주거단지나 공공건물의 지붕에 식재해 빗물을 여과하거나 흡수 혹은 지체시키는 식생지붕, 그리고 투수성 포장재를 이용해 빗물을 침투시켜 오염물질을 줄이는 방법도 있다. 나아가 대규모로는 고속도로나 도로 주변에 띠 모양의 식물을 조밀하게 식재하는 식생여과대, 호수나 하천 주변의 토양 침식을 예방하고 야생동물의 서식처를 제공하며 하천 제방의 안정화와 함께 아름다운 경관도 제공하는 식생완충대, 그리고 경사가 낮은 지역에 자연배수로 역할과 함께 잔디로 조성해 유출수 흐름을 늦추고 침투를 활성화하는 식생수로 등을 들 수 있다. 물론 큰 인공호수를 만들어 빗물을 저류시키면 효과적이나 공간도 없을뿐더러 배수로 공사 등 비용 문제가 크다.

현재까지 입증된 LID 적용에 따른 비점오염원의 저감 효과는 대단히 크다. 이론적으로 초기 빗물의 저류나 체류, 여과 등을 통한 오염원 감소는 유기성 오염물질의 경우 85%에 달한다. 물론 강우 강도가 약하면 지표면에 빗물의 유출이 발생하지 않아 비점오염원이 하천에 유입되지 않는다. 비점오염원을 하천에 유입시키는 데 필요한 최소 강우 강도가 15㎜인 것을 감안하면 우리나라 강우의 80%가 강우 강도가 15㎜ 이상인 만큼 LID 적용은 우리에게 매우 효과가 클 것으로 예측된다.

적합한 LID 기법의 선정에는 강우 특성과 유역의 토지 이용 현황, 그리고 지하수와 토양의 특성 등이 고려돼야 한다. 여기에 초기 설치비용과 용이한 유지·관리, 아름다운 경관 조성 등 주민 친화력도 중요하다. 미국과 일본, 독일 등은 LID 보급을 위해 적합한 LID 기법과 함께 관련 법제도를 충실히 갖추고 있다. 아울러 지자체의 도시 개발을 위한 토지이용계획 수립에 있어 LID 적용 가이드라인과 인센티브도 제공하고 있다. 우리 지자체들도 상수원 수질 보호를 위해 수질오염총량제에서 할당한 오염총량을 준수하느라 애로가 많다. LID를 적용한 지자체에 감소된 비점오염량만큼 할당 오염총량을 늘려 주는 것도 LID 보급에 훌륭한 인센티브다.

물관리도 이젠 과학이다

세계일보 | 2011년 3월 31일

지난 22일은 19번째 맞은 세계 물의 날로서 또다시 우리의 물 관리 현실을 되돌아보게 된다. 유엔에 의하면 2025년엔 세계 인구의 3분의 1이 물 부족을 겪을 것이라 한다. 우리도 예외는 아니어서 연 평균 강수량은 1245mm로 세계 평균보다 1.4배 많지만 국민 1인당으로는 세계 평균의 8분의 1에 지나지 않는다. 더 큰 문제는 전체 강수량의 70% 이상이 6월에서 9월까지 장마철에 집중강우로 쏟아지므로 이 기간에 홍수피해도 막고 물도 저장해야 한다. 하지만 댐이 많지 않아 연간 물사용량 340억 ㎥의 확보가 쉽지 않다. 댐과 저수지에 저장된 국민 1인당 저수량도 275㎥로 미국이나 호주의 5900㎥의 20분의 1도 안 된다. 실제 유엔에서 우리나라의 물 사정을 세계 180개국 중 146위로 꼽을 만큼 열악한 형편이다. 따라서 과학적이고 체계적인 물관리로 홍수 방지와 수자원 확보는 물론 물이용의 효율성을 높여야 한다.

이런 측면에서 무엇보다 시급한 것이 북한강 댐의 용도전환이다. 북한강 상류 소양강댐은 다목적댐으로 홍수 조절과 용수확보, 수력발전 등 다양한 기능을 한다. 반면 화천·춘천·의암·청평·팔당 등 5개 댐은 수력발전만을 위한 발전 전용댐이다. 상당한 저수 능력이 있음에도 소양강댐과는 달리 발전 효율만을 높이기 위해 평상시 높은 수위를 유지한다. 따라서 홍수 조절 능력이 낮고 물 확보도 쉽지 않다. 5개 댐을 소양강댐과 연계해 다목적댐으로 활용하게 되면 추가 물 확보가 가능하고 이는 8000억 원을 들여 건설 중인 영주댐 저수량의 1.3배에 달한다. 아울러 3700억 원을 들여 건설 중인 군남 홍수조절지보다 6.6배의 홍수 조절 능력도 갖게 된다. 여기에 2300만 수도권 주민의 상수원인 한강 수계의 하천 유지용수의 증가로 수질개선과 생태환경 개선효과도 상당하다. 나아가 북한의 임남댐 붕괴 등 위기상황 시 평화의 댐 대응능력이 초과되는 경우 하류 화천댐 등과 신속한 연계 대응도 가능하다. 따라서 5개 댐의 다목적댐 전환이 시급하다.

그다음, 광역상수도와 지방상수도의 통합이다. 우리나라에는 수돗물을 도매가격으로 지자체에 공급하는 1개 광역상수도 사업자와 각 지자체에서 수돗물관리와 공급을 맡고 있는 164개 지방상수도 사업자가 존재한다. 문제는 이 두 사업자의 시설 중복 투자로 가동률이 광역은 62%, 지방은 68%에 지나지 않아 국가 차원에서도 손실이 크다. 광역은 단일사업자로 상대적으로 기술력과 경영능력이 높아 제반 관거의 유지보수가 잘돼 물의 손실이 없고 안전성과 서비스 수준이 높다. 반면 지방은 특별시·광역시를 제외하곤 전반적으로 운영이 열악하다. 특히 100여 개 지자체는 급수인구가 10만 이하로 영세하고 급수율도 낮으며, 수도요금도 편차가 심하다. 또한 낮은 지방재정 능력으로 인해 적자가 가중되고 서비스 품질은 저하돼 정수장의 부실 운영도 우려된다. 아울러 시설개량이 부진해 수돗물의 수질 안전성도 위협받는 실정이며, 관거 노후화로 물의 누수도 상당하다.

이러다 보니 주민의 재정 부담만 가중될 뿐 지방 상수도사업자의 경영 상태는 나아지지 않는다. 이는 국가적 효율성을 고려한 수도시설을 만들기보다는 지자체에서 재정 능력 등을 고려하지 않고 무분별하게 조직을 늘린 결과이다. 실제 전국 수돗물 공급량의 48%를 광역상수도가, 52%를 지방상수도가 맡는 것을 봐도 지방상수도가 얼마나 난립했는가를 알 수 있다. 서둘러 광역상수도와 지방상수도를 통폐합해 국가와 지자체의 비용 부담을 줄이고 보다 양질의 수돗물을 주민에게 공급해야 한다.

이러한 노력으로 과학적이고 체계적인 물관리를 구현하여 물 부족과 재해로부터 자유로운 물 강국을 건설해 보다 나은 삶의 질을 국민에게 제공해야 할 것이다.

수도 누수만 줄여도 가뭄 걱정 던다

동아일보 | 2009년 4월 9일

1월 시작된 강원 태백·영월·정선 지역의 겨울 가뭄은 80년 만의 최악으로 농작물 피해는 물론 먹는 물이 모자라 하루 3시간 제한급수를 하는 실정이다. 이 지역 식수를 공급하는 광동댐 저수율이 23%로 예년의 52%에 비해 턱없이 낮아 4월 말이면 고갈될 판이다. 가뭄 대책에서 가장 중요한 점은 안정된 식수 확보이다. 안타깝게도 전국의 13만km 수도관을 통해 4500만 명에게 연간 공급하는 57억t의 수돗물 중 8억t이 누수로 사라진다. 매년 5400억 원이 땅속으로 사라지는 셈이다. 그마나 대도시는 나은 편이나 태백 등 소도시는 누수율이 55%에 이른다. 결국 태백 주민은 사용하는 물의 2배나 많은 물값을 내면서 제한급수의 이중 고통을 당하는 셈이다. 따라서 누수율만 줄여도 가뭄 극복이 훨씬 수월하다는 얘기다.

누수는 지방상수도의 문제점에서 기인한다. 현재 국내 164개 지방자치단체가 제각기 지방상수도사업을 운영한다. 따라서 구조적 비효율로 서비스 불균형이 심하고 물값이나 수돗물 보급률도 차이가 많다. 또 열악한 재정으로 투자재원의 조달이 힘들고 요금이 현실화되지 않아 만성 적자운영이다. 여기에 급수인구가 10만 명이 안 되는 지자체가 100개나 되어 국가적으로 대단한 중복·과잉투자이다. 전국 평균 시설가동률은 63% 정도다. 또 지자체 특성상 잦은 보직이동으로 낮은 전문성에 기술력 확보가 힘들며 전체 1만 4000여 명 종사자 중 60%가 단순기능직임에도 구조조정이 힘들다. 이러니 소요 예산은 해마다 늘어도 수도관의 유지보수가 제대로 안 되고 노후가 심하여 누수가 가중되고 수질이 열악한 실정이다. 전체 562개 정수장 중 117개소가 인력 미확보 등 문제가 있다. 여기에 지방상수도 취수원인 소규모 댐이나 하천은 규모가 작고 가뭄에 취약하여 안정적 식수 공급이 힘든 만큼 광역상수도 전환이 시급하다.

　현실이 이러함에도 정부는 부처 간 합의를 통한 단일화된 수도사업 구조개혁안을 내놓지 못하고 있다. 광역상수도 도입에는 이견이 없으나 전국을 22개 권역으로 광역화하여 수도사업의 공공성을 고려한 전문 공기업에 위탁하자는 주장과 민영화를 통한 경쟁체제를 도입하자는 주장이 서로 대립한다. 정부는 정부대로 방향을 잡지 못하고, 지자체는 지자체대로 선택을 못하는 실정이다. 또 국회 차원에서 본격적으로 논의하는 모습을 보지 못했고 언론이 많은 관심을 기울이지도 않았다. 시간을 끌면 끌수록 직간접 손실이 늘어난다는 점에서 안타까운 일이 아닐 수 없다.

여기서 짚어 봐야 할 점이 해외 구조개혁 사례이다. 미국, 프랑스, 일본, 이스라엘 등 물관리 선진국은 이미 물 안보 차원의 안정된 상수원 확보와 물 공급 확대, 자국 물산업 보호와 해외시장 진출을 위해 강력한 전문 공기업을 중심으로 광역상수도 체제를 갖췄다. 특히 최근 100년 빈도 가뭄을 겪은 스페인, 영국, 호주, 중국, 인도는 공기업 중심의 광역상수도를 서둘러 도입하는 중이다.

반면 민간 대기업 참여를 통한 수도사업 민영화는 경험 부족과 생산원가 폭등, 수익 저조로 실패하는 추세이다. 프랑스는 베올리아, 수에즈 등 민간 대기업의 경영권 방어를 위해 막대한 공적자금을 투입했다. 영국은 민간기업의 투자 소홀로 2004년 대가뭄 때 런던에 물 공급이 중단되고 2007년 대홍수를 계기로 국민에게 엄청난 피해를 초래하자 민영화 실패를 인정했다. 이스라엘도 마찬가지다. 이런 점을 감안해 우리는 성급하게 민영화로 방향을 잡기보다는 지방상수도를 시급히 권역별로 통합하여 광역상수도로 전환하고, 강력한 물 전문 공기업을 육성하여 국민 부담 감소와 안정적 물 공급으로 가뭄 등에 대처하는 물 안보를 지혜롭게 이룩하고 기술을 확보해 해외시장 진출을 서둘러야 한다.

밥그릇 싸움에 찢어진 댐관리

조선일보 | 2008년 12월 18일

팔당댐은 서울과 인천, 경기도 등 수도권 2300만 명 주민에게 하루 750만t의 식수를 제공하는 생명줄이다. 여기에 한강의 홍수 범람 방지와 가뭄에 관개용수 공급, 수력발전 등 다목적댐의 기능을 갖고 있다. 특히나 팔당 수계 인구 증가와 도시 확산으로 팔당댐이 갖는 다목적댐의 기능은 갈수록 중요하다. 허나 이러한 다목적댐 기능에도 불구하고 팔당댐의 관리는 다목적댐을 관리하는 국토해양부 소관이 아니고 지식경제부 소관이다. 이유는 팔당댐이 만들어지던 1973년 당시에는 다목적댐 건설을 주도하던 산업기지개발공사(현 수자원공사)가 발족하기 전이라 한국전력에서 댐을 건설했기 때문이다. 따라서 지금도 팔당댐은 다목적댐 기능보다는 전략 생산을 강조하는 측면에서 댐 운영이 이루어진다.

여기서 발생하는 제반 문제점을 주시해야 한다. 우선, 팔당 수계 수질개선의 어려움이다. 매년 환경부와 지자체가 1조 원에 달하는 예산을 수질개선에 투자하지만 수량과 수질 등 물관리를 책임지는 국토부와 환경부가 공조를 할 수 없으니 환경부만으론 한계가 있고 결국 경기도와 주민의 부담은 커지고 수질개선은 요원하다. 반면, 여타 다목적댐의 경우 국토부에서 댐지역 환경개선과 주민지원사업을 통한 예산 지원과 정책공조로 효율적 수질개선과 함께 주민 부담도 적다.

나아가 팔당댐은 발전 효율을 높이기 위해 항상 저수량을 최대로 유지하므로 막상 홍수가 나면 물을 저장할 여유 공간이 없어 그대로 방류하므로 한강 하류의 홍수 위험이 매우 높다. 가뭄 때도 관개용수 공급이 원활치 못함은 물론이다.

2007년 연간 총발전량인 4000억kW의 1.2%인 50억kW만을 수력에 의존하고, 이 중 팔당댐의 발전량(2.5억kW)은 전체 전력 생산의 0.06%에 불과하다. 더욱이 갈수록 화력과 원자력 비중은 높아지고 수력 비중은 낮아지는 추세이다. 특히 수력발전은 다목적댐으로 용도변경 후에도 얼마든지 가능하다.

이러한 배경에서 1984년부터 감사원 감사에서도 팔당댐의 다목적댐 용도 변경을 강하게 주문했고, 국민의 정부 시절에도 변경이 추진되었으나 실현되지 못했다. 여기에는 부처 이기주의와 조직의 몸집 부풀리기도 작용했다.

따라서 실용을 주창하는 현 정부는 서둘러 팔당댐을 다목적댐으로 용도 변경해야 한다. 그래야 국토부와 환경부, 지자체 3자의 정책 및 예산 공조로 정부정책 집행의 효율성 제고와 수질개선으로 지자체와 주민 부담 감소, 이수·치수 기능 확대로 보다 안전한 주민 삶의 제공 등이 가능하다. 즉 정부와 지자체, 2300만 명 주민 모두를 위한 윈·윈 전략의 구현이 가능하다. 나아가 북한강의 화천·춘천·의암·청평 4개 댐도 매우 낮은 전력 생산 기여도와 물관리를 위한 국토부와 환경부의 공조, 그리고 한강 수계 홍수 조절 등을 위한 국토부 이관이 고려되어야 한다. 이는 공기업의 구조조정 차원에서도 바람직하다.

수리권(水利權)과 물값

조선일보 | 2008년 11월 4일

수리권이란 식수나 농업, 공업용수 등의 용도로 하천 물을 계속적이고 배타적으로 이용할 수 있는 권리이다. 일반적으로 수리권은 관행적으로 물을 사용해 온 사용자에게 대가 없이 물 사용권을 인정하는 기득수리권과, 사용료를 내고 사용하는 허가수리권으로 나뉜다. 따라서 국가는 수리권을 부여함에 있어 명확하고 체계적인 법 규정에 근거하여 형평성 있게 집행해야 한다.

영국, 일본, 호주, 이스라엘 등 물관리 선진국들은 단일 '물관리법'으로 수리권을 명확히 규정하고 물사용 허가제의 도입으로, 사용에 따른 제반 비용을 사용자에게 엄격히 부과한다. 반면, 우리는 단일법 대신 민법이나 하천법, 지하수법, 댐법, 소하천정비법 등에서 제각기 필요에 따라 수리권을 언급하고 규정도 명확하지 않다. 따라서 체계적이지 못한 수리권의 모호한 적용으로 지역 간 차별이 심하고 국가와 사용자 간 물값 분쟁이 갈수록 심화된다.

인구 240만 명의 인천시가 연간 지불하는 물값이 인구 1050만 명의 서울시보다 10배나 비싸고, 인구 150만 명의 대전시보다 18배가 비싼 주된 원인도 수리권에 있다. 서울은 85년 충주댐 건설 전부터 사용해 온 한강물에 대한 '기득수리권'을 갖고 있다. 똑같이 한강 물을 먹는 국민임에도 인천시민은 너무 서럽다. 인천에선 강변여과를 통한 지하수를 식수로 사용하는 간접 취수방식까지 고려할 정도다.

서울시도 힘들긴 마찬가지다. 현재 먹는 물을 취수하는 5개 취수장의 수질이 악화되어 한강 상류로 옮기려 해도 취수 지점을 옮기면 기득수리권이 없어져 물값을 내야 하니 불만이 높다. 국토부의 연 17억 원 청계천 용수사용료 요구에도 서울시는 청계천의 공익성과 다시 한강으로 흘려보내는 물값을 내라는 것은 봉이 김선달 식 억지라고 대응한다. 하지만 국토부는 청계천 복원은 서울 시민의 혜택이지 국가차원의 공익은 아니라고 맞대응한다. 청계천의 공익성을 인정하면 많은 지자체가 동일한 혜택을 요구하여 하천 유지용수의 확보가 어렵고, 허가수리권 제도 자체가 무의미하다는 논리이다. 이 외에도 춘천시 취수 분쟁, 용인·광주 등 경기 동북권 7개 지자체의 물값 납부거부 등 분쟁이 끊임없다.

이러한 분쟁을 막고 향후 물 부족에 대처하는 방안은 서둘러 선진국과 같이 단일화된 '물관리법'을 제정하여 기존 수리권을 체계화해야 한다. 나아가 전면적 물허가제 도입과 함께 중앙정부 중심 물관리에서 유역중심 물관리로 분권화하고, 유역 내 이해당사자가 수리권을 관리하는 유역물관리위원회를 설치해야 한다. 또한, '취수부담금(취수세)'을 만들어 유역 물관리를 위한 재원도 확보해야 한다. 무엇보다 물 사용 기득권을 최소화하고, 우리 사회에서 "돈을 물 쓰듯 한다."는 식의 물을 공짜로 인식하는 풍토가 사라져야 한다. 이러한 노력만이 향후 물 부족 시대에 우리가 물에 대한 권리를 누릴 수 있는 유일한 대안이다. 이런 점에서 국토부와 환경부가 '물관리기본법' 제정에 소극적인 것은 매우 유감스러운 일이다.

'수돗물 양극화' 해소 시급하다

조선일보 | 2008년 9월 4일

양극화는 우리 사회를 분열시키는 주된 요인이다. 따라서 정부
는 물론 NGO까지 나서서 소득과 교육, 부동산 등이 갖는 양
극화 해소에 고심 중이다. 이런 현실에서 우리 사회가 인간 생
존에 가장 기본적인 수돗물 양극화를 오랜 기간 방치하는 것은
대단한 이율배반이다. 2006년 우리나라 도시 지역의 수돗물 보
급률은 97%인 반면, 농촌 지역은 41%로 전체 인구의 9%에 달
하는 430만 명은 수돗물을 아예 공급받지 못하는 실정이다. 수
돗물 미보급 지역은 간이급수시설인 마을상수도나 우물로 먹
는 물을 충당하지만 관거가 노후하고 정수시설이 열악하여 문
제가 심각하다. 나쁜 수질로 인한 장감염성 질환 사망률도 10
만 명당 2.6명으로 OECD 국가 중 두 번째로 높다.

　농촌 지역에 수돗물 공급이 원활치 못한 것은 관거 설치와 운

영, 정수처리 등을 위한 높은 비용 때문이다. 수도사업의 특성상 대도시는 투자 대비 급수인구가 많아 값싼 수도요금으로 유지가 가능하나 인구가 적은 농촌 지역은 비싼 요금으로도 유지가 힘들다. 실제 농촌 지역은 도시보다 1t당 270원이 더 비싼 실정이다. 환경부도 종합대책을 추진 중이나 정부 재정 능력상 한계가 있다.

따라서 원활한 수돗물 공급을 위해선 급수인구를 늘리는 규모의 경제가 필수이다. 실제 전문가들은 30만 명 정도의 급수인구를 가지면 현재의 도시 지역 요금으로 수익성이 있다고 한다. 서울시 수도사업의 한해 860억 원 이윤만 봐도 알 수 있다. 따라서 지자체별로 운영되는 수도사업을 유역별로 광역화하여 소규모 지자체를 통합하여 급수인구를 늘려야 한다. 나아가 기존 지자체 독점 수도사업체제는 사업자와 감독자가 동일하여 서비스 질과 경쟁력이 낮은 만큼 구조개선과 함께 민간위탁관리를 적극 도입해야 한다.

여기에 민간투자 확대를 통한 상하수도 통합관리로 지자체 물관리의 효율성과 경제성을 제고하고, 국내 물산업 지원과 함께 경쟁력 있는 물기업 육성도 시급하다. 이미 전 세계 인구의 10% 이상을 민간이 위탁운영 중이며 날로 증가추세이다. 아울러 국내 14조 원, 세계 370조 원인 물시장이 연간 6%의 빠른 성장을 보인다는 것을 감안하면, 물산업 육성은 또 다른 블루오션의 개척이며, 기후변화 대응과 녹색혁명의 완성에도 필수다. 일찍이 환경부는 이러한 필요성을 인식하고 4년 넘게 '상하수도 서비스 개선 및 경쟁력 강화에 관한 법률(기존 물산업지원법)'을 준비하고 물산업육성과도 만들었다.

그러나 안타깝게도 당정 협의 과정에서 민영화에 따른 부작용을 우려한 '전국공무원노조' 등 NGO의 반대를 의식한 여당의 소신 없는 눈치 보기가 이 법을 또다시 무기한 연기 시켰다. 공공재인 수돗물은 소유권을 지자체가 갖고 민간위탁경영 방식 등으로 민영화의 부작용을 최소화할 수 있다. 따라서 정부는 공개토론회 등을 통하여 국민에게 현실을 제대로 보여 주고 최선의 대안을 계몽해야 한다. 민영화를 늦출수록 낙후된 농촌 지역 저소득 국민들이 생존의 기본권인 수권(水權)마저 갖지 못하는 양극화가 심화됨을, NGO는 주지해야 한다.

유비쿼터스 기반의 물관리 필요하다

조선일보 | 2005년 11월 29일

효율적인 이수와 치수, 환경생태의 보전 차원에서 수질과 수량을 통합한 유역통합관리의 필요성이 제기되면서 별도 조직의 설립 필요성이 정부 내에서 제기되고 있다. 현재 수량은 건교부, 수질은 환경부, 국가하천은 건교부, 지방하천과 소하천은 농림부와 지자체, 소방방재청 등으로 나뉘어 있는 만큼 통합관리는 시급한 사항이다.

그러나 물리적 기관의 설립을 통한 업무의 통합은 한계가 있다. 이러한 논리로 한다면 앞으로도 많은 정부기구의 설립이 불가피한 실정이다. 바람직한 업무의 통합은 부처 간 연관된 업무들을 업무의 표준화를 통해 통합하는 것이다.

국가는 매년 320여 개에 달하는 정보화사업을 2조 원에 가까운 예산을 들여 수행하고 있다. 그 주된 이유의 하나는 바로 정보화를 바탕으로 관련 부처의 업무를 표준화하여 조직 확대 없이 업무를 통합하는 '작은 정부'의 지향이다.

물론 정부도 유역관리업무 통합을 위해 국무총리실 주관으로 96년부터 표준화작업을 추진, 물관리 정보화기본계획과 물관리 정보표준안을 공시했다. 허나 전반적인 관련 업무의 통합에는 미흡한 실정이다. 우선적으로 보완되어야 할 사항은 부처 간 관련 업무의 협의와 역할 조정을 통한 부처 간 통합공시로, 같은 지점에서의 수량·수질의 측정, 표준분석방법론의 도입, 유역단위의 상하수도 관리 등이 포함되어야 한다. 이와 함께 기존 행정경계 중심의 물정보관리에서 상류와 하류를 연계하는 유역중심의 물정보관리를 지향해 나가야 한다.

나아가 국가하천과 지방 1·2급, 소하천을 연계하는 방재 중심의 유역관리가 강조되어야 하며, 특히 소하천에 산재한 소규모 저수지의 안전관리 지침 등도 시급히 표준안에 포함되어야 한다. 이외에 부처 간 효율적인 물정보 유통을 위한 기존 국가정보망의 활용 방안과 침수흔적지도, 홍수시 대피장소와 경로 등을 보여 주는 홍수위험지도 등을 인터넷을 통해 국민에게 제공, 재해에 대한 경각심을 높이는 방안 등이 포함되어야 하다.

표준안 제정에는 IT강국의 강점을 살려 하천이나 유역관리에 RFID 센서기술, USN 네트워크기술, 데이터통합관리기술 등 첨단 IT신기술을 적용할 것을 명시해 선진유역관리에 힘써야 한다. 오래된 기술에 의존하다 보니 수작업 의존도가 높고 이에 따른 인력 확보와 그로 인한 제반 업무의 가중이 별도 기구 설립을 고려하는 원인도 된다.

　신기술의 활용을 통한 인력의 최소화, 하천유량의 상시 자동측정, 댐과 제방을 포함한 각종 하천시설물의 현황 파악과 안전도 점검 등을 위한 상시 모니터링은 시·공간적 제약을 극복한 유비쿼터스 기반의 유역관리, 즉 U-River와 같은 새로운 시장을 창출해 IT기술 수출에도 큰 기여를 할 것으로 기대된다.

Ⅱ 물산업

소양강댐 전경

강원도 춘천시 동면 월곡리와 신북읍 천전리 사이의 북한강 지류인 소양강댐의 높이는 123m, 제방 길이는 530m, 총저수량은 29억t으로 진흙과 돌로 만들어진 사력다목적댐이다. 유역면적은 2,703㎢이며 만수위 때의 수면면적은 64㎢이다. 호반 주변의 경관이 아름다워 국민정서 함양에 이바지하는 바가 크고, 국민 관광지 및 휴양지로 명성이 높다.

2012년 6월 6일은 한국 수자원 역사에서 영원히 기억되어야 할 날이다. 1조 8000억 원 규모의 페루 카라바야 수력발전사업의 현지조사에 나선 한국 기술자 8명이 헬기사고로 목숨을 잃은 날이다. 페루 정부가 소양강댐의 발전용량보다 7배나 큰 수력발전사업을 추진하면서 한국수자원공사에 참여를 요청함에 따라 이루어진 현장조사에서 발생한 참사이다. 수자원공사의 베테랑 기술자 김병달 팀장과 삼성물산을 비롯한 국내업체의 기술자들이 아까운 목숨을 잃은 것이다.

과거 600조 원 정도의 세계 물시장이 1,000조 원에 육박하면서 선진국들의 글로벌 물시장 선점을 위한 경쟁은 치열하다. 특히 한국의 댐 건설기술과 물 처리기술을 고려하면 우리의 노력 여하에 따라 세계 물시장은 블루오션이다. 우리에게 필수인 양질의 물을 확보하기 위해 개발된 기술로 해외시장에 진출하여 국가경제에 기여하는 바가 크다. 따라서 물산업은 황금알을 낳는 거위라 불러도 될 만큼 파급력이 대단하다. 더욱이 해외 댐개발과 같은 수자원 분야의 사업은 인력의 해외진출 효과도 크다.

일반적으로 중·후진국, 즉 신흥공업국이나 개발도상국들을 대상으로 하는 해외 물시장 개척은 댐건설부터 정수와 급배수, 하수처리까지를 포함하는 시설건설 및 관련 인력과 기술, 재원까지를 투자해야 하는 토털서비스이다. 따라서 상대국의 불안한 정치여건 등을 고려하면 투자에 따른 리스크가 큰 것은 사실이다. 반면, 우리 나름의 강점을 살려 공기업과 민간기업이 파트너십을 가지고 참여하는 방식으로 접근한다면 위험부담을 줄이면서 수익을 극대화하는 모형을 살릴 수 있다.

아울러 내수시장 측면에서도 현재와 같은 팬데믹 시대에 경제 활성화의 일환으로 추진하는 것도 바람직하다. 붕괴위험이 상대적으로 큰 농업용 저수지를 재개발하여 극한 홍수와 가뭄에 대비하여 물그릇을 확보하는 것도 좋은 방안이다. 나아가 수력발전은 물론, 수변경관 창출 등 다목적의 효과를 기대할 수 있다. 대표적인 농업용 저수지의 재개발 사례로서 경북 청송의 성덕댐을 들 수 있다. 여기에 지난 1961년 7월 남원 효기 농업용 저수지의 붕괴로 110명의 사망자와 1,400여명의 이재민이 발생한 것을 상기해야 할 것이다.

우리의 이러한 노력을 바탕으로 국민의 안전과 행복을 증진하는 것은 물론, 우리 물산업의 발전으로 산업활성화에도 기여해야 할 것이다. 나아가 그간 우리가 4대강에서 배우고 익힌 기술을 바탕으로 우리 인재들이 전 세계로 진출하여 새로운 시장을 개척해야 할 것이다.

- "공공-민간 협업으로 해외 물시장 개척 필요", 동아일보 | 2016년 5월 17일

- "노후댐 재개발로 安全·經濟 살리자", 조선일보 | 2014년 11월 20일

- "수자원기술 수출 도전은 계속된다", 세계일보 | 2012년 6월 27일

- "물市場은 지속성장 가능한 블루오션", 문화일보 | 2011년 11월 9일

- "글로벌 물市場 선점전략 절실하다", 문화일보 | 2011년 7월 20일

공공-민간 협업으로 해외 물시장 개척 필요

동아일보 | 2016년 5월 17일

박근혜 대통령의 이란 방문에 따른 대형 프로젝트 수주 소식은 침체된 국내 건설 경기에 낭보임에는 틀림없다. 특히 주목할 점은 50조 원 수수사업 가운데 물관련사업이 7조 원을 넘는다는 것이다. 이란은 북부 산악 지역을 제외하고 물이 귀하여 용수 공급률이 60%밖에 안 된다. 북부 지역 댐 건설과 남부 페르시아만의 해수담수화 사업에 관심이 매우 크다. 이 분야에서 세계적 기술을 인정받는 우리로선 이란은 대단한 물시장임에 틀림없다.

현재 650조 원 규모의 세계 물시장은 매년 5%의 빠른 성장으로 앞으로 20년 안에 세계 석유산업을 추월할 것이라는 전망이 나온다. 주요 고객이 중·후진국인 해외 물시장 진입에는 자본 확보와 기술, 인력이 필수다. 세계 물시장의 진입 방식 중 하나는 물 관련 공기업과 민간기업이 참여하는 소위 공공과 민간의 파트너십인 PPP(Public Private Partnership) 기반이다. 우리는 기술과 인력이 우수한 민간 업체가 많다. 또한 시설 운영의 노하우가 많고 높은 신용도로 자본 확보가 용이한 수자원공사 같은 공기업이 있어 PPP 방식이 우리의 장점을 살릴 수 있다. 이는 투자손실 위험도 줄이면서 수익률 극대화로 이어질 수 있다.

대규모 자본이 투자되는 해외 물시장에선 프로젝트 파이낸싱 방식을 선호한다. 즉, 사업자가 자본을 투자해서 댐이나 해수담수화시설을 건설한 후 30년 정도 운영하면서 해당 국가 주민들로부터 물값이나 전력값을 받아 투자비를 회수하는 방식이다.

따라서 투자비의 상당 부분을 국내외 은행에서 차입하는 사업자 입장에선 저금리 차입이 관건이다. 저금리로 차입할수록 이자가 낮아 전체 사업비는 작아지고 그만큼 해당 국가 주민들의 물값도 싸지는 만큼 해외 수주 경쟁력이 높아진다. 세계 물시장을 빠르게 점유 중인 일본과 중국은 정부가 제도적으로 저금리 차입을 지원하여 시장 선점에 대단히 유리하다. 우리도 저금리로 차입이 가능하도록 정부의 제도 개선이 시급하다.

보다 체계적인 사전 영업 전략도 필수다. 일본과 중국은 물부족이 심한 후진국을 대상으로 인구와 산업 동향 등을 고려한 용수 수급을 위한 마스터플랜을 작성해 주고 있다. 우리도 국가 차원에서 진출 대상 국가에 대한 사전 마스터플랜 작업을 서둘러야 한다.

노후댐 재개발로 安全·經濟 살리자

조선일보 | 2014년 11월 20일

전 세계적으로 댐의 노후화가 심각하다. 대규모 댐을 많이 보유한 미국이나 유럽, 중국, 인도 등에서는 안전성을 높이기 위한 노후댐 재개발 사업이 한창이다.

우리는 일찍이 댐 개발이 정체돼 상대적으로 대규모 댐이 많지 않다. 기존 14개 용수전용댐의 경우 절반 정도가 30년 이상 경과했지만, 재개발이 아주 시급한 것은 아니다. 반면 규모가 작아 저수지로 불리는 1만 8000여 개 농업용 댐은 70% 이상이 만든 지 50년이 넘어 댐 노후도가 심하다. 이 중 3000여 개 대규모 농업용 댐의 경우 대다수가 안전 등급 C·D수준으로 매우 열악하다. 1961년 7월 발생한 남원 효기 농업용 댐 붕괴로 사망자 110명, 이재민 1400명을 낸 것을 상기해야 한다. 최근에도 부산 내덕, 경주 산대, 영천 괴연, 이천 대관 등 농업용 댐 붕괴 사고가 잇따랐다. 여주 장풍을 비롯한 20여 개 농업용 댐은 누수로 인한 붕괴 위험이 크다. 1건의 치명적 사고는 발생 이전에 같은 원인을 가진 29건의 작은 사고와 300건의 이상 징후를 보인다는 하인리히 법칙을 연상케 한다.

붕괴 위험이 큰 농업용 댐은 서둘러 재개발해 안전도를 높여야 한다. 재개발로 저수량을 늘리면 이상 가뭄과 극한 홍수에 대비할 수도 있다. 수력발전을 추가하면 에너지를 생산하고 친수 공간을 새로 조성해 주민 삶의 질도 향상할 수 있다. 경북 청송 성덕댐은 국내 대표적 농업용 댐 재개발 사례다. 마무리 공사가 끝나면 3000만t 수량 확보로 농업용수는 물론 생활용수, 공업용수, 하천유지용수로 이용되고, 홍수 대처, 가뭄 방지, 수력발전, 수변경관 창출 등 다목적으로 쓰인다. 노후가 심한 농업용 댐들을 성덕댐과 같이 다목적댐으로 재개발하는 것이 시급한 국가 과제다.

노후댐 재개발에 필요한 재원을 확보하기 위해 미국처럼 댐재개발기금 확보 등을 통한 정부 차원의 종합 대책을 마련하는게 우선 과제다. 또 효율적으로 댐 안전을 점검할 통합관리시스템 구축도 필요하다. 노후댐 재개발 사업을 정부 차원에서 경기 부양책의 하나로 실시하면 침체된 국내 경기 활성화에도 기여가 크다. 이에 앞서 규제 개혁을 통해 다목적댐으로 재개발할수 있도록 해야 한다. 노후댐 재개발 사업은 우리가 보유한 우수한 댐 건설 기술을 더욱 발전시켜 세계 댐시장에 기술 수출

을 가속화할 것이다. 그만큼 국가 경제 발전에도 기여가 클 것
은 물론이다.

수자원기술 수출 도전은 계속된다

세계일보 | 2012년 6월 27일

6일 페루에서 헬기 추락으로 목숨을 잃은 8명의 우리 기술자는 페루 카라바야 수력발전사업의 현지조사를 위해 파견된 베테랑 인력이다. 카라바야 수력발전사업은 사업비가 1조 8000억 원에 달하고 시설용량이 780㎿로 소양강댐 발전용량보다 7배나 돼 페루 전체 전력공급의 12%를 차지할 대규모 프로젝트이다.

작년 말에 이 사업권을 보유한 페루 현지 업체가 수자원공사에 참여를 요청했다고 한다. 이에 수자공이 사업성을 검토하고 국내 기업이 참여를 희망하면서 사업 타당성 조사를 위해 이번 방문이 이루어졌다. 이 사업을 수주하면 우리가 해외에 건설 중인 수력발전소 중 최대 규모가 된다. 특히 댐 완공 후 55년간 댐을 운영하면서 매년 투자수익과 함께 운영수익도 보장되는

BOT(건설-운영-이전) 방식이다. 나아가 현재 선진국이 독식하는 중남미 댐 건설 시장의 중요한 거점이 확보된다. 그만큼 사업 수주를 위한 입찰 참여 여부를 결정하기 위한 이번 현지 타당성 조사는 의미가 컸다.

일반적으로 중·후진국을 대상으로 하는 해외 물시장 개척은 댐을 포함한 정수, 급배수, 하수처리 등 제반 시설의 건설을 위해 상당한 자본·기술·인력은 물론 시설운영까지 포함하는 토털 서비스를 요구한다. 여기에 상대적으로 불안한 정치여건을 고려하면 투자에 따른 리스크도 상당하다.

현재 세계 물시장 진입은 대략 두 가지 방식이다. 하나는 세계 1, 2위 프랑스의 베올리아와 수에즈, 미국의 제너럴 일렉트릭(GE)과 같은 전통적 대기업 위주의 시장 진입으로 우리 같은 후발주자가 본받기에는 무리이다. 다른 하나는 전통적 대기업 없이 물 관련 공기업과 민간 기업이 참여하는 공공민간파트너십(PPP) 기반의 시장진입이다. 물론 전통적 대기업은 없지만 설계와 시공의 노하우가 우수한 민간 업체가 많고 댐을 비롯한 제반 시설 운영의 노하우가 많은 공기업이 있어 PPP 방식이 우리의 장점을 최대한 살릴 수 있다.

따라서 한국형 PPP를 강화해 해외 물시장 진입에 필수인 자본, 기술, 인력을 충분히 확보해야 한다. 중국이나 싱가포르는 후발주자임에도 정부의 탄탄한 재정지원으로 빠르게 세계시장에 진입 중이다. 우리도 정부에서 재정지원을 강화해 1970년대부터 쌓아온 다목적댐 건설·운영기술, 세계적 수처리 기술 등을 가지고 해외시장 진입을 가속화해야 한다. 나아가 정부에서 해외 진출에 필수인 기업의 사업실적을 높이도록 지원해야 한다. 또한, 물 관련 건설에서 제조, 연구개발, 시설운영까지 산·학·연 활동을 연계해 인력을 양성하고 기술의 부가가치를 극대화하는 가치사슬을 위한 물산업 클러스터의 조성도 시급하다.

　다시 한번 이번 사고로 희생된 분들의 명복을 빌면서 이들의 희생이 공공과 민간의 강한 파트너십으로 세계 물시장 선점을 위한 노력을 한층 강화하는 계기가 되기를 바란다.

물市場은 지속성장 가능한 블루오션

문화일보 | 2011년 11월 9일

'물 쓰듯 한다' '물로 보느냐' 이 말에서 알 수 있듯 물은 하찮고, 무한대로 쓸 수 있는 공짜 개념이 강했다. 즉, 자원으로서 희소성과는 상당히 거리가 멀었다. 그러나 무한재이고 언제 어디서든 쉽게 구할 수 있다고 생각했던 물도 이제는 자원, 즉 사고팔 수 있는 재화로 인식되고 있다.

지구 표면은 70% 정도가 물로 덮여 있다. 하지만 염분이 많아 사용할 수 없는 바닷물, 만년설 형태로 존재하는 물 등을 제외하면 지구촌이 사용할 수 있는 물은 극히 일부분이다. 특히 이 일부의 물조차 부익부 빈익빈으로 나뉘어 있고, 지구온난화로 사막화가 심해지면서 물은 이제 '자원'을 넘어 '무기'가 되고 있다.

오늘날 세계는 지난 세기의 자원전쟁과 같이 물 부족, 물 전쟁이 발생할 것을 심각하게 우려하고 있다. 앨빈 토플러 같은 글로벌 석학들조차 21세기는 '물의 시대'라고 강조하는 것만 봐도 그렇다. 각국 정부도 앞다퉈 물산업 육성을 위한 마스터 플랜을 발표하기 시작했다. 급격한 산업화와 인구 팽창, 지구온난화 등의 기후변화로 수요 및 공급이 엇갈리면서 인류가 심각한 물 부족 사태에 직면했다는 것은 두말할 필요가 없다. 실제 2011년 유엔 미래보고서에서 2025년에 세계 인구의 절반 정도가 물 부족을 겪을 것으로 전망한 것도 이를 뒷받침한다.

이에 따라 전세계 물 관련 시장은 지속성장이 가능한 신성장 산업이다. 현재 600조 원의 시장 규모가 2025년엔 1100조 원으로 커질 전망인 만큼 선진국들의 물시장(市場) 선점 경쟁이 치열하다. 반면, 국내 물시장 규모가 12조 원으로 세계 시장의 2%를 차지하는 반면, 한국 기업의 세계 물시장 점유율은 0.3%에 불과하다. 따라서 이제 한국도 미래 시장을 염두에 둔 물산업의 범위 확장이 필요한 시점이다. 우리나라는 한강종합개발 사업과 최근 4대강(江) 살리기의 경험 및 기술을 통해 우수한 전문인력을 보유하고 있고, 기술 개발 기반도 잘 갖추고 있다. 비록 세계시장 진입은 다소 늦었을지 모르나 유리한 기술력을 잘 살려 물기업의 경쟁력을 키우고 세계시장에 조속히 진출할 수 있을 것이다.

정부는 이 분야의 우수한 전문인력과 잘 갖춰진 기술 개발 기반을 바탕으로 공적개발원조(ODA)를 활용한 개도국 지원사업

과 정부 간 협력사업 방식으로 물기업의 해외 진출을 촉진하고
있다. 예컨대, 지난해 10월 양해각서를 체결한 알제리에서 최근
한국 기업이 처음으로 신도시 하수처리장 프로젝트를 수주했
다. 나아가 알제리 수도의 유일한 하천인 엘하라시강의 수질개
선을 위한 마스터플랜 수립도 한국이 맡기로 합의했다.

이 모든 것이 한강종합개발사업과 4대강 살리기 사업을 한
노하우 덕택이다. 특히 4대강 사업은 대규모 생태하천 및 인공
습지 조성 등 이수·치수·환경·생태·문화·관광 등 물 관련 모
든 분야의 종합 세트다. 실제 친환경 준설과 대규모 보(洑)의 설
계와 시공, 대규모 하천공사의 공정관리, 수질개선과 친환경 수
생태 복원, 나아가 정보통신(ICT)을 이용한 유역통합관리 등은
대단한 해외 기술 수출 경쟁력을 갖는다. 이미 이집트와 파라과
이를 비롯한 아프리카와 남아메리카의 여러 개발도상국이 한
국의 기술과 장비를 이용한 하천 개발을 강력히 희망하고 있다.

앞으로도 이러한 역량을 토대로 물산업 해외 진출에 나선다
면 수질개선사업과 물 문제 해결 등 물시장의 선두주자로 앞설
것이다.

물론 물산업은 단순한 경제논리를 넘어 생명연장 산업이다.
고대부터 인류는 물과 함께 성장·발전해 왔기 때문이다. 4대강
사업을 통해 축적된 경험과 기술이 이제 금융위기를 넘어 대한
민국을 이끌 수 있는 하나의 산업 촉매제가 되길 바란다.

글로벌 물市場 선점전략 절실하다

문화일보 | 2011년 7월 20일

기후변화 시대를 맞아 안정된 수자원 확보는 지구촌 최대의 화두다. 하지만 대한민국은 유엔이 정한 물 부족 국가이면서 매년 물난리를 겪으니 물관리에 둔감한 나라다. 이제는 4대강 사업으로 물관리 수준이 격상되는 만큼 그동안 침체된 국내 물산업 발전과 해외 물시장(市場) 진출을 서둘러야 한다.

향후 세계 물시장의 규모는 매우 커질 것이다. 현재 600조 원의 시장이 2025년엔 1100조 원으로 커질 것으로 전망됨에 따라 선진국들은 글로벌 물시장 선점을 위해 치열하게 경쟁하고 있다. 한국도 국내 물산업을 발전시켜 원활한 물 공급은 물론 세계 물시장 선점이 시급하다. 현재 국내 물시장의 규모는 12조 원 정도로 세계 물시장의 2%를 차지한다. 반면, 한국 기업의 세계시장 점유율은 0.3% 정도로 국가경쟁력에 비하면 너무 낮다. 특히 한국의 물 처리 기술이 세계적인 수준인 것을 고려하면 노력 여하에 따라 세계 물시장은 블루 오션이다.

첫째, 세계 10대 물기업에 속하는 글로벌 물기업을 육성해 세계 시장 진입의 견인차 역할을 하게 해야 한다. 이를 위해 물 관련 공기업과 민간기업을 적극 육성하고, 국가의 물산업 클러스터도 구축해야 한다. 클러스터를 중심으로 지자체와 연구소, 기업이 협력하는 테스트베드를 구축하고 밸류 체인도 형성해야 한다. 그런 점에서 물산업 강국인 이스라엘과 싱가포르가 공기업 주도의 물산업 클러스터를 조성, 수출 전략화하고 단계적으로 민간기업으로 확산시키고 있는 사실에서 많이 배워야 한다.

둘째, 해외 시장 진입을 위한 토털 서비스의 지원이다. 즉, 수자원 개발과 정수·급배수·하수처리 등 전 분야를 지원하는 기술력과 시설 운영, 나아가 자본력을 망라한 토털 서비스 제공이다. 우리도 수처리 기술이나 설계·시공 능력은 세계 수준인 반면, 시설 운영 능력과 자본이 열악하고 특히나 해외 진출에 기본인 자국 내 사업 실적조차 없어 해외 진출에 애로가 많다.

셋째, 물값 인상 등 물산업 육성책이 시급하다. 정부도 물산업 육성 차원에서 기존 164개 지방 상수도를 39개로 통·폐합해 민간 물기업의 참여를 통한 운영의 효율성 제고를 추진 중이다. 반면, 상하수도 원가의 80%에도 못 미치는 낮은 물값 현실에서 민간 기업의 참여는 쉽지 않다. 여기에 물산업 육성의 일환으로 추진된 지자체 수도사업자들의 병입 수돗물 판매를 위한 수도법 개정도 무산됐다. 보다 근본적인 육성책을 서둘러야 한다.

넷째, 한국의 발전 모델을 만들어야 한다. 물기업의 세계 시장 진입은 대략 두 가지 모델로 분류된다. 하나는 연 20조 원의 매출을 가진 베올리아나 수에즈, 제너럴 일렉트릭(GE) 등 전통적 대기업 위주의 강자 모델로서 한국 같은 후발 주자가 본받기엔 무리다. 그 반면 중국과 싱가포르의 경우 신흥 기업 위주의 모델로 정부의 강력한 정책적 지원으로 물값 현실화와 재정 지원을 통한 재정 손실 보전, 기술 개발과 함께 자국 내 충분한 운영 실적을 확보했다. 이를 기반으로 아시아 시장을 확대하고 있다. 한국이 본받을 성공 모델로 알맞다.

다섯째, 법·제도적 뒷받침이다. 글로벌 물기업 육성과 자본 확보를 포함한 토털 서비스 지원, 물산업 육성책 등은 법적 지원 없이는 불가능하다. 제18대 국회 들어 물 관련 정부 업무의 일원화와 관련 조직 신설, 역할 분담 등을 위한 '물관리 기본법' 제정과 관련된 3건의 입법안이 현재 국회에 계류 중이다. 하지만 어느 입법안도 물산업 육성을 위한 구체적 명시가 없어 아쉬움이 크다. 최종 법 제정 이전에 서둘러 물산업 육성 방안을 추가해야 한다. 물산업을 신성장동력으로 육성, 원활한 물 공급은 물론 일자리도 창출하고 경제도 발전시키겠다는 정부의 강력한 의지가 절실하다.

Ⅲ 물환경/녹색에너지

을숙도 생태공원

부산시 사하구 하단동의 을숙도 하단부에 위치한 을숙도 생태공원은 고니의 먹이인 세모고랭이를 비롯해 어린연꽃 등 여러 가지 수생식물이 서식하는 생태의 보고이다. 수림대와 습지 3개소, 야외학습장 등이 일반에게 개방되어 있다.

나는 인하대학교에 부임하기 전 KIST 시스템공학연구소에서 G7 국가 대형과제인 수질정보종합관리시스템(ISWQM) 개발 책임자였다. 짧은 기간에 참여 연구원들이 최선을 다하여 시스템을 개발하였으나 현실에서 제대로 사용되지 못했다. 시스템 가동에 필요한 데이터를 확보하지 못했기 때문이다. 아무리 좋은 하드웨어와 소프트웨어를 갖추어도 가장 기본이고 중요한 데이터 없이는 사용이 불가하다. 특히 GIS 기반의 시스템 운영은 디지털지도 형식의 다양한 콘텐츠를 필요로 하는데 국내의 열악한 여건상 디지털지도 확보가 매우 힘들었다.

이러한 지도데이터의 확보를 위하여 1995년 즈음부터 당시 국가GIS사업의 일환으로 국토부와 환경부가 많은 노력을 들여 데이터를 구축하였다. 구축 초기에는 아무래도 제도적으로나 기술적으로 미흡하여 활용이 제대로 되지 못하여 안타까웠으나 이제는 나름 선진국 수준의 환경 관련 GIS 시스템을 다수 갖추고 활용하는 실정이다.

제도적인 측면에서도 많은 변화가 있었다. 환경부가 상수원 수질보전을 위하여 전국 4대강 수계에 수변구역을 약 1,000㎢를 지정하였고, 수질오염총량제도 시행 중이다. 수변구역은 1999년 9월 30일 '팔당호 등 한강 수계 상수원 수질관리 특별대책'의 하나로 지정·고시한 팔당호와 남·북한강 및 경안천 지역 255㎢가 시초이다. 당시 수변구역의 경계를 우리 GIS연구실에서 연구한 결과를 바탕으로 확정했다는 점에서 보람을 느낀다.

보다 넓은 시각에서 한반도의 수생태 보전을 위한 남북한 수자원 협력체계의 구축도 시급한 과제이다. 10년 전보다 임진강의 수질이 악화되면서 파주시는 관내 임진강 물 대신 60㎞ 떨어진 팔당댐 물을 끌어다 수돗물로 사용할 계획이다. 주된 이유는 임진강 상류 북한 지역에서 수력발전을 위한 유역변경을 하면서 남한으로 유입되는 깨끗한 물이 줄었기 때문이다. 실제 북한 황강댐이 2009년부터 가동을 시작하면서 남한으로 유입되는 유량이 30%나 감소하였다. 따라서 하천 유지에 필요한 물 부족이 심각하다. 향후 단기간에 걸쳐 북한 지역에 모두 10여 개의 댐이 가동될 것으로 예상되면서 남한 지역의 물 부족과 수질 악화는 더욱 심각해질 전망이다. 대안으로 남한의 잉여 전력을 북한에 공급한다면 북한의 수력발전 필요성도 줄일 수 있다. 아울러 북한에서 남한에 더 많은 물의 공급이 가능하여 수질문제도 개선될 것이다. 즉, 남한의 수자원 문제와 북한의 에너지 문제를 함께 해결하는 수자원 협력체계의 구축으로 남북한 통일 인프라 조성에도 기여가 클 것이다.

- "임진강 수질 악화, 北 탓하기보다는", 조선일보 | 2017년 5월 4일

- "대선 후보들 알맹이 없는 환경공약", 세계일보 | 2012년 11월 6일

- "하구역 갈등 윈·윈하려면", 세계일보 | 2012년 1월 26일

- "수질예보 시대", 세계일보 | 2011년 10월 27일

- "조력발전 새로 태어난 시화호", 세계일보 | 2011년 9월 22일

- "클린에너지시대 선도 위한 4대 과제", 문화일보 | 2010년 1월 25일

- "녹색성장좋 제 역할 나서야", 매일경제 | 2010년 1월 23일

- "주먹구구식 수질오염총량제 수술 시급", 세계일보 | 2008년 8월 19일

- "수질오염총량제, 문제 많다", 조선일보 | 2008년 7월 25일

- "환경·건교부, 따로 노는 하천정책", 조선일보 | 2007년 11월 21일

- "1조 들여 구축한 GIS, 활용 못 하는 환경부", 조선일보 | 2006년 11월 14일

임진강 수질 악화, 北 탓하기보다는

조선일보 | 2017년 5월 4일

임진강 수질 악화가 심상치 않다. 10년 전보다 BOD와 TP(총
인) 수치가 50% 정도 나빠지면서 파주시는 관내 임진강 물 대
신 60㎞ 떨어진 팔당댐 물을 끌어다 수돗물로 사용할 계획이
다. 주된 이유는 임진강 상류 북한 지역에서 유입되는 깨끗한
물이 줄었기 때문이다. 북한 황강댐이 2009년부터 가동을 시작
하면서 남한으로 유입되는 유량이 30%나 감소해 하천 유지에
필요한 물 부족이 심각하다. 향후 1~2년 내에 북한 지역에 모
두 10여 개의 댐이 가동될 것으로 예상되면서 남한 지역의 물
부족과 수질 악화는 더욱 심각해질 전망이다.

북한은 그간 치산치수, 관개혁명 등의 구호 아래 많은 댐과
저수지를 조성했다. 그러나 관리 능력은 부족해 수자원 상황이
열악하기 그지없다. 식수 부족과 홍수피해 증가, 발전 감소 등

으로 주민 삶의 질이 크게 떨어진 상태다. 남한이 전체 전력의 1.5%를 수력에 의존하는 반면, 북한은 63%를 수력발전에 의존한다. 그런데 열악한 전력 수급 상황을 개선하기 위해 기존 물길을 변경하는 유역변경식 발전에 치중하고 있다. 이로 인해 임진강과 북한강 등 남북이 공유하는 하천의 남한 지역은 유량 감소와 용수 부족, 수질 악화, 염해 등을 겪고 있다. 북한강은 상류에 2001년 준공된 임남댐으로 물길이 변경되면서 하류 남한의 화천댐 유입량이 연평균 17억t 감소해 2300만 수도권 주민의 식수를 책임지는 팔당댐의 안정적 물 공급이 우려된다.

북한에 댐을 만들지 말라고 하는 것은 해결책이 될 수 없다. 미국과 캐나다는 컬럼비아강을 공동 개발 해 상호 혜택을 보고 있다. 우리도 댐 건설 입지가 좋은 북한에 남한의 기술과 자본으로 댐을 건설하고 전력은 북한이, 물은 남북한이 공유하는 협력체계를 세워야 한다. 더 나아가 남한의 잉여 전력을 북한에 공급함으로써 북한의 수력발전 필요성을 줄이면 남한에 좀 더 많은 물을 보낼 수 있게 돼 수자원과 에너지 문제를 함께 해결할 수 있다. 통일 인프라 조성에 기여하는 효과도 클 것이다.

북한 지역의 댐과 저수지, 수리 시설은 노후화가 심각해 건설된 지 40년 이상 된 설비가 50% 이상이다. 더구나 최근에 건설된 시설물은 현대적 기술이 아닌 대부분 속도전 등으로 무리하게 공기를 단축해 구조물 안정성이 심각하게 우려된다. 우리의 댐 건설과 안전, 운영 기술은 이미 세계적인 수준인 만큼 우리

기술과 자본으로 북한의 열악한 수자원 인프라를 개선하면 좀 더 안정적인 물 공급과 함께 주민 삶의 질을 높일 수 있다. 필요한 재원은 남북경협자금을 적절히 활용하면 된다. 북한에 대한 일방적인 현금 지원이 아닌 남한의 물자와 기술 지원인 만큼 유엔 대북 제재 위반 사항도 아니다.

수자원 경제협력을 통한 남한의 기술과 자본, 북한의 인력 합작은 블루오션인 세계 댐시장에 남북 공동 진출을 가능케 하여 좀 더 풍요로운 한반도의 미래를 여는 데도 기여가 클 것이다. 3만 5000여 개의 댐이 노후화된 이웃 중국은 댐시장 규모만 연 20조 원을 넘는다. 남북 수자원 경제협력으로 남한의 일자리 창출과 북한 주민의 삶의 질 향상, 통일 인프라 조성의 일석삼조를 누릴 수 있다.

대선 후보들 알맹이 없는 환경공약

세계일보 | 2012년 11월 6일

최근 세 대선 주자의 환경공약 발표회가 열렸다. 그런데 기대와 달리 실망감이 컸다. 그것은 평소 대선 주자가 외치는 국민통합, 경제민주화, 국민복지를 구현하기 위한 환경분야의 비전과 구체적 전략 제시가 부재한 때문이다.

국민 통합은 물론 국민 갈등 해소가 전제돼야 한다. 국민 갈등은 해묵은 지역적 갈등부터 진보와 보수 간 정치적이고 이념적인 갈등에 이르기까지 넓게 존재한다. 그러나 환경문제는 국민 삶에 대단한 영향을 끼치는 만큼 이로 인한 지역갈등 해소 역시 국민 통합이 필수이다. 특히 우리나라는 열악한 수질 문제로 인한 지역 간 갈등의 골이 깊다.

대표적인 예가 부산-경남의 물 분쟁이다. 부산 지역은 1991년 구미공단의 페놀 사고 이래로 잦은 수질사고로 인해 낙동강

물에 대한 불신이 팽배하다. 수돗물 안보 차원에서 보다 안전한 상수원 확보를 위해 진주 남강댐의 남는 물을 가져다 사용하려 하지만 지역 안전을 이유로 해당 지역 주민 반대가 극심하다. 역시 같은 취지에서 대구시를 비롯한 7개 시·군이 보다 안전한 상수원 취수를 위해 낙동강 상류로의 취수원 이전을 오랫동안 갈망해 왔다. 이에 해당 구미시는 물 부족을 이유로 범시민 반대위를 구성해 극력 반대 하고 있는 실정이다.

광주·전남 지역도 환경 개선을 위해 주암댐 물을 광주천으로 공급해 대도시 광주 주변의 수질개선과 생태 복원을 추진 중이다. 해당 지역인 섬진강 주민은 섬진강 생태환경의 악화와 하류 지역의 염해 피해 우려 등을 이유로 절대 불가하다는 입장을 보이고 있다.

수돗물 양극화도 심각하다. 도시 지역은 거의 100%가 상대적으로 깨끗한 댐에서 공급되는 수돗물의 혜택을 보고 있다. 반면, 농촌은 아직도 깨끗한 수돗물 공급은 60% 미만이며 이는 우리나라 전체 인구의 9%에 해당된다. 여기에 마을의 간이급수시설이나 노후한 정수시설 등으로 장감염성 질환의 사망률도 경제협력개발기구(OECD) 국가 중 두 번째로 높다.

수돗물의 빈부 격차를 줄이고 양극화를 해소하는 데는 물론 재원이 필요하다. 국가 예산은 한정된 만큼 물값을 인상해 재원을 확보할 수밖에 없다. 포퓰리즘을 지향하며 선심성 공약을 남발하는 대선 주자들은 그 누구도 물값 인상을 꺼내지 않는다.

이러한 근본적 환경 문제를 풀지 않고서는 삶의 질과 관련된 국민 갈등은 갈수록 심각해질 것이고 국민 통합은 요원하다.

나아가 진정한 경제민주화는 환경민주화가 전제돼야 한다. 즉, 국민이 누리는 환경의 질에서 빈부 격차가 해소되도록 균등한 기회가 주어지지 않고서는 경제적으로 균등한 기회가 주어졌다고 할 수 없다.

경제민주화를 위해서는 더욱 많은 일자리 창출을 통한 소득 증대가 필수이다. 환경분야도 일자리 창출을 통해 경제민주화에 크게 기여할 수 있다. 실제 국내 환경산업은 2004년 20조 원에서 2010년에는 60조 원으로 6년 동안 3배나 빠르게 성장했다. 세계 환경시장도 현재 1000조 원 정도에서 2025년에는 1500조 원 정도의 성장이 예측된다. 우리의 노력 여하에 따라 국내 환경산업의 성장은 물론 우리의 높은 기술경쟁력을 바탕으로 세계시장에 진입해 일자리 창출과 함께 경제 활성화에 크게 기여할 수 있다.

공동체 의식을 일깨워 환경갈등을 해소하고 환경민주화를 이루는 동시에 환경산업의 발전을 통한 일자리 창출은 국민적 갈등 해소와 경제 민주화를 이루는 근간이 될 것이다. 이를 위한 대선 주자의 보다 많은 고민과 토론이 필요하다.

하구역 갈등 윈·윈하려면

세계일보 | 2012년 1월 26일

세계적 철새도래지인 낙동강 하구역의 람사르 습지 등록이 다시 추진된다. 1995년부터 람사르 습지 등록이 추진됐지만 어민들 반대로 무산됐다. 등록되면 생태관광 활성화라는 긍정적 측면이 있지만 영세어민의 조업 지장도 심각한 만큼 갈등이 첨예하게 대립한다. 이러한 갈등 조정을 위해 하구역을 대상으로 통합관리시스템 구축이 필요하다는 의견이 학계를 중심으로 높아지고 있다.

통합관리시스템은 적용 가능한 정책 대안과 관련된 제반 인자를 통합·분석해 결과를 예측하고 이해당사자 간 득실을 평가해 서로 윈·윈(win-win)에 접근하는 대안을 제시한다. 이러한 통합관리시스템의 핵심요소는 하구역 자료를 모아 놓은 데이터베이스와 자료를 이용해 미래를 예측하는 모델, 그리고 모델

결과를 이용해 최적의 대안을 제시하는 의사결정엔진이다.

그중 데이터베이스 구축은 핵심 기본 사항으로 하구역의 복잡한 물리적 순환과 생태적 기능을 파악하기 위한 모니터링을 수반한다. 퇴적물의 이동과 수질의 변화, 박테리아와 플랑크톤을 포함한 생태계 변화 파악을 위해 100여 가지 항목을 모니터링한다. 우리나라는 하구역에 대한 정부차원의 조사가 2004년에 처음 실시된 만큼 모니터링도 상대적으로 열악하다. 4대강을 비롯한 15개 하구가 있고 낙동강의 하구역 면적만도 3000만 평이 넘는 것을 고려하면 모니터링은 지난한 과제다.

다음으로 예측모델은 상류지역 변화에 따른 하구역 변화를 예측한다. 세부적으로 상류지역에서 강우 시 지표면의 빗물 유출량과 빗물 유출에 따른 점 및 비점오염원의 발생부하량, 하천에 유입되는 배출부하량, 그리고 하천의 흐름에 따른 유달부하량을 계산한다. 나아가 상류지역 모델링 결과에 따른 하구역에서 제반 오염원의 유동과 집적, 수온 변화 등을 시뮬레이션하는 3차원 모델링을 포함한다. 문제는 아직 국산 모델이 없어 선진국에서 개발한 모델을 검·보정해 사용하고 있다.

의사결정엔진은 모니터링 결과를 토대로 이해당사자의 의견을 반영한 대안을 제시한다. 즉 중앙정부, 지자체, 지역 어민, 주민 등 하구역의 이해당사자가 중시하는 인자를 열거하고 상대적 중요도를 정량화한다. 아울러 각 인자가 이해당사자에게 미치는 상대적 손실과 이익을 정성·정량적으로 분석한다. 따라서 중앙정부와 지방정부의 정책을 시나리오로 만들어 각각의 시나리오에 대한 손익관계를 정량화해 대안을 제시한다. 그런데 아직 국내에서는 환경생태 분야에서 의사결정엔진이 제대로 활용된 사례가 없는 실정이다.

그러면 선진국은 어떠한가. 효율적인 통합관리시스템 개발을 위해 여러 인자의 통합 모니터링이 가능한 센서를 개발해 위성항법시스템(GPS) 수신기를 달아 유비쿼터스 통신네트워크 기술(USN)을 이용해 원격조종이 가능한 모니터링을 지향한다. 모델도 지리정보시스템(GIS)을 근간으로 유역, 하천, 하구역을 통합해 다양한 유역의 오염원 변화에 따른 하구역 수생태의 변화를 정확한 위치정보와 함께 제공하고 있다. 특히 하구역과 같이 넓은 공간을 대상으로 하는 의사결정은 다양한 공간정보를 포함하는 공간의사결정인 만큼 공간추정과 같은 GIS 분석기술이 핵심이다.

결국 하구역 통합관리시스템의 구축은 기존에 막연히 개발과 보존이라는 이념적 시각에서 대립으로 일관한 이해당사자 간에 훌륭한 중재자가 될 것으로 보인다. 대립보다는 양측의 의견을 정량화해 상호 윈·윈할 수 있는 대안 제시가 가능하기 때문이다. 무엇보다 미래 세대에 물려줄 소중한 유산인 하구역은 과거의 모습, 현재의 노력, 그리고 미래의 희망이 공존하는 곳으로 또다시 고성과 떼쓰기로 얼룩져선 안 된다.

수질예보 시대

세계일보 | 2011년 10월 27일

22일 4대강 살리기 사업이 공식적으로 준공되면서 환경부에서는 예방적 차원의 선제적 수질관리를 위해 기존에 시행 중인 수질예보제를 더욱 확대하겠다고 밝혔다. 8월부터 시작된 수질예보제는 금강을 대상으로 조류(클로로필-a)와 수온에 대해 예보하고 있다. 수질도 날씨처럼 예보하는 시대가 온 것이다.

수질예보는 예측모델링 기술을 활용한 것으로 일주일간의 수질 변화를 매일 알려 준다. 예보 결과는 취·정수장, 댐 및 보 운영관리 기관, 환경기초시설 등 물관리기관에 전파돼 수질관리를 위한 유량 확보와 처리시설 운영에 활용된다. 수질예보에 사용되는 입력 자료는 주로 실시간 기상관측 및 기상예측 자료, 매시간 측정된 하천의 수위와 유량 자료, 그리고 수질관측 자료를 포함한다. 수질관측 자료는 2~3개월간 관측된 생물학적산 소요구량(BOD)과 화학적산소요구량(COD), 총인과 총질소 등 20여 개 오염원 자료를 포함한다. 오염원 자료는 5분 간격으로 자동 측정 되는 60여 개의 자동수질측정소 자료와 일주일 간격으로 사람이 물을 떠서 측정하는 450여 개의 수동수질측정소 자료로 구성된다. 전체 주요 국가하천 구간을 30m 간격의 격자로 나누어 4만여 개를 수심에 따라 5~10개 층으로 3차원 분석이 이뤄진다.

수질예보가 갖는 의미는 크다. 예측모델의 개발과 운용을 위한 전문성은 물론 자료 획득 네트워크와 자료 관리 데이터베이스 등을 포함하는 제반 수질관리 핵심 기술의 확보를 의미한다. 실제 세계적으로 수질예보 기술을 갖춘 나라는 극소수다. 물론 우리의 예보는 아직 일부 항목에 국한하지만, 향후 예보 범위가 확대되어 독일같이 수질예보에 대장균 정보를 추가하면 주민들이 수영 같은 친수활동을 보다 안전하게 즐길 수 있다. 실제 우리나라에선 1년에 60건이 넘는 크고 작은 수질사고가 발생한다. 주로 유류 유출 사고인데, 유류의 확산 경로와 차단 등을 위한 제반 시나리오 분석과 의사결정 지원 시스템을 갖추지 못했다. 미국은 무선통신망 기반의 수질센서를 하천에 촘촘히 설치해 사고 발생 시 오염원의 확산 시간과 예상 경로, 필요 장비 등을 즉각 파악해 대처하는 선제적 대응 시스템을 갖추었다. 이렇듯 수질예보 서비스의 확산 잠재력은 매우 높다.

수질예보를 확산해야 하는 또 다른 이유는 지구촌 공동으로 환경을 보전하고 주변국과의 환경분쟁에 대비하기 위함이다. 우리 이웃인 중국은 '지구촌 화장실'로 불릴 만큼 하천오염이 심각하다. 전체 하천 중 46%만이 음용수 사용이 가능할 정도로 수질이 열악하고 조류 발생도 심각하다. 특히 중국 동부 해안에서 조류의 과대노출로 인한 제주도 서북쪽 해안의 녹조는 심각하다. 따라서 동중국해와 우리 관할 해역의 오염실태를 서둘러 파악해야 한다. 그래야 향후 오염 개선 비용 지불을 위한 중국과의 환경분쟁 대비가 가능하다.

하지만 수질예보 서비스 확산에 가장 필수적인 것은 넓은 지역을 대상으로 비용경제적인 방식으로 장기간의 모니터링 자료를 확보하는 것이다. 현장 측정값을 바탕으로 정확한 예측이 가능하기 때문이다. 특히 우리에겐 수질오염 주범인 부영양화 상태를 보여 주는 조류의 효율적 모니터링이 관건이다. 아직도 대부분의 모니터링을 수작업에 의존하는 우리에겐 더욱 그렇다. 미국 등 선진국에서는 인공위성에 조류 감지를 위한 고분광 센서를 부착해 효율적이고 주기적인 모니터링을 하고 있다. 우리도 아리랑 위성을 보유한 만큼 노력 여하에 따라 비용경제적인 수질자료의 확보가 가능하다. 안으로는 예방적 하천 수질 관리와 함께 밖으로는 서해의 불법조업과 영토분쟁에서 막무가내로 생떼를 쓰는 중국이 언제 바닷물 오염에 시치미를 뗄지 모르는 만큼 단단히 대비해야 한다.

조력발전 새로 태어난 시화호

세계일보 | 2011년 9월 22일

지난 8월 말 세계 최대의 조력발전 규모를 갖춘 시화 조력발전소가 준공됐다. 사업 검토가 시작된 이후 16년 만이고 첫 삽을 뜬 지는 7년 만이다. 연간 발전량이 5억 5200만kWh로 국내 최대 다목적댐인 소양강댐 연간 발전량의 1.56배이며, 인구 50만 명의 도시에 전력을 제공할 수 있는 규모이다.

조력발전은 태양과 달의 인력에 의해 하루에 두 차례 발생하는 조석 현상을 이용해 전기를 생산한다. 간만의 차가 큰 만(灣)이나 강 하구에 둑을 쌓아 밀물과 썰물 때 수위 차를 이용해 수차발전기를 돌려 전기를 생산하므로 수력발전과 유사하다. 이와 유사한 개념으로 조류발전을 들 수 있는데, 이는 바닷속에 프로펠러식 터빈을 설치해 조류의 흐름을 이용하여 터빈을 돌려 발전하는 방식이다.

효율이 좋은 조력발전소를 만들기 위해서는 조석간만의 차가 크고 저수용량이 큰 저수지를 만들 수 있는 지형적 요건이 필수이다. 따라서 조력발전소 건설이 가능한 지역은 세계적으로 영·불해협과 남·북 아메리카, 중국, 러시아, 한국 등 매우 제한적이다.

조력발전에는 밀물 혹은 썰물에만 발전하는 단류식과 밀물 썰물 모두 발전하는 복류식이 있는데 대개가 단류식이다. 단류식은 밀물에만 발전하는 창조식과 썰물에만 발전하는 낙조식으로 나뉜다. 낙조식의 대표적 사례는 시화 조력이 건설되기 전까지 세계 최대였던 프랑스 랑스 조력발전소를 들 수 있다. 랑스강 하구에 건설돼 밀물 때 들어온 물을 가두어 썰물 때 낮아진 해수면으로 떨어뜨려 발전을 한다.

이와는 반대로 시화호는 창조식으로 서해안의 최대 9m에 달하는 조수간만의 차를 이용해 밀물 때만 발전한다. 밀물 때 바다 쪽 수위가 높아지면서 시화 방조제 바깥 바다 쪽에서 바닷물이 방조제 안쪽으로 들어오면서 수차발전기를 돌린다. 전체 조력발전 설비는 아파트 12층에 해당하는 35m 높이에 길이 19.3m, 폭 61.1m의 규모이다. 이 안에 직경 7.5m 회전익과 직경 8.2m 전극을 가진 길이 17m의 수차발전기 10대가 있다. 밀물 때 수차발전기 하나에 초당 13m의 속도로 480t의 바닷물이 흘러들면서 5.8m 아래의 수차발전기로 떨어지는 낙차를 이용해 회전익이 1분에 65회 빠르게 회전하면서 전극에서 음극과 양극이 교차해 전기를 만든다. 밀물이 지나면 썰물 때 방조제 안쪽의 물을 최대한 바다로 내보내 방조제 바깥쪽과 안쪽의 수위 차를 크게 해 다음 밀물 때 최대로 발전효율을 높인다.

조력발전은 입지 선정이 까다롭고 방조제 건설 등 건설비용이 비싸며 물길을 막아 먹이사슬의 파괴로 인한 생태계의 단절 등의 단점이 있는 반면 장점도 많다. 특히 시화 조력발전의 경우 기상조건이나 홍수 조절 등의 이유로 발전시간이 일정치 않은 수력발전과는 달리 하루에 두 번 평균 5시간씩 총 10시간 동안 안정적인 전기 공급이 가능하다. 아울러 화력발전에 비해 86만 배럴의 유류 사용이 절감되는 만큼 연간 1000억 원에 달하는 수입대체 효과가 크고 이로 인한 31만 5000t의 이산화탄소 저감 효과도 있다.

여기에 시화호는 방조제로 인한 해수 유통이 원활치 않아 수질오염 등 생태계 보전 등의 문제가 항상 대두됐다. 이제는 조력발전으로 매일 시화호 저수량의 절반에 가까운 1억 5000만t의 해수가 유통됨에 따라 생태계의 지속가능 보전에도 기여가 크다. 나아가 조력발전과 함께 시화호 주변 공간을 친환경 생태 공간으로 가꾸어 연 110만 명에 달하는 관광객으로 지역 발전의 효과도 클 전망이다.

과거 환경 파괴와 수질오염 논쟁의 중심에서 항상 천덕꾸러기였던 시화호가 이제는 청정해양에너지의 생산거점으로 지역 발전의 효자 역할을 하고 있으니 대단한 격세지감이다.

클린에너지시대 선도 위한 4대 과제

문화일보 | 2010년 1월 25일

20일 국토해양부가 강화도와 영종도를 연결하는 16㎞의 세계 최대 인천만 조력발전소 건설계획을 발표했다. 4조 원의 예산에 연간 발전량이 24억㎾h로 현존하는 세계 최대인 프랑스 랑스 조력발전소보다 5배나 많고, 인천시 가정용 전력 소모량의 60%에 달한다. 건설로 인한 생산유발효과가 8조 4000억 원에 고용효과도 6만 명이 넘어 경기부양 효과 또한 대단하다.

조력발전에 천혜의 조건을 가진 이 해역에 인천시에선 이미 2007년부터 연간 15억㎾h 발전량의 조력발전소를 설계 중이다. 이 2개의 조력발전소와 현재 건설 중인 가로림만과 시화호의 조력발전소를 합치면 서해안은 명실공히 세계 조력발전의 '메카'가 된다. 여기서 생산되는 56억㎾h의 전기는 우리나라 전체 수력 발전량보다 많고 연간 810만 배럴의 유류 절감과 240

만t의 이산화탄소 감소효과도 가져온다.

한국은 전체 사용 에너지의 83%가 화석연료이고 전체 에너지의 97%를 수입에 의존하며, 세계 6위의 석유수입국인 동시에 인구 1인당 대비 세계 9위의 탄소 배출국이다. 클린에너지로서 조력발전은 일자리 창출 효과가 커서 영국과 유럽은 물론 러시아, 중국까지 건설붐이 일고 있다.

풍력도 클린에너지에 한몫을 거든다. 최근 한국은 캐나다에서 7조 원이 넘는 풍력·태양광발전단지 조성사업을 수주하고, 터키와 이라크, 파키스탄에도 발전 설비를 공급할 예정으로 본격적인 풍력 수출국으로 자리매김할 전망이다. 4대강 사업에서 만들어지는 녹색공간도 풍력발전 활성화에 기여가 클 것이다.

한국의 원자력은 클린에너지로서 위상이 매우 높다. 지난 연말 대통령이 직접 나서서 수주한 400억 달러 원전 수출을 계기로 3대 원전수출국 진입을 위한 노력을 기울이고 있다. 그야말로 화석연료를 대체하는 클린에너지의 수출 낭보로 에너지 수입국에서 전기를 만들어 수출하는 '산전국(産電國)'의 입지를 다지고 있다. 다만, 국가의 에너지 자립 측면에서 높은 원자력 의존을 줄이기 위해 조력과 풍력발전을 보다 활성화하는 데 힘써야 한다. 클린에너지를 확실한 차세대 먹을거리로 만들기 위해서는 더 많은 노력이 필요하다.

첫째, 무엇보다 시급한 기술 자립이다. 조력발전은 에너지 변환과 방수 등 핵심 기술의 확보를 통해 발전단가를 줄여야 하며, 특히 바다에 설치하는 노하우 획득도 매우 중요하다. 원자력도 원전 설계 코드, 원자로 냉각재 펌프, 제어계측 등 3대 핵심 기술의 자립으로 '남은 5%'를 마저 채워 수출의 확대가 내실화를 동반하게 해야 한다. 풍력은 특히나 기술 자립이 열악해 해외 수입에 97%를 의존하는 만큼 기술 개발을 위한 지원이 절실하다.

둘째, 인재 양성이다. 에너지 관련 고급인력 양성과 대학의 전공 개설을 지원하고, 인천 송도의 국제교육단지에 글로벌 인재 양성 기관을 설치하는 것도 좋은 방안이다.

셋째, 재원 확보다. 정부 재원의 확보와 함께 녹색 금융상품의 활성화, 녹색 투자펀드 조성, 탄소시장 활성화 등을 병행함이 효율적이다.

넷째, 환경단체를 비롯한 국민 각자가 기후변화 시대에 저탄소 녹색성장은 선택이 아닌 운명이라는 올바른 현실 인식이다. 즉, 조력발전은 인천·강화 지역의 해수 유통을 막아 어장에 생계를 의존하는 어민들에 타격을 줄 위험도 있다. 반면, 고용 창출과 교통 인프라 확보, 관광산업 진흥 등 낙후된 지역 경제의 활성화 효과도 크다. 아울러 신공법의 조력발전은 환경 파괴를 최소화할 수 있다. 따라서 환경단체도 일방적 반대와 자기주장보다는 전문성과 중립성을 갖고 토론을 통한 지혜를 모아 클린에너지를 만들고 지역 발전도 추구하는 윈·윈 전략을 모색해야 할 것이다.

녹색성장委 제 역할 나서야

매일경제 | 2010년 1월 23일

지구온난화로 인한 기후변화 시대에 온실가스를 감축하는 것
은 시대적 과제다. 온실가스 감축을 위해선 무엇보다 화석연료
사용을 줄여야 한다.

  우리나라에서 사용하는 전체 에너지 중 83%는 화석연료며,
전체 에너지 중 97%를 수입에 의존한다. 또 세계 6위 석유소비
국으로 에너지 수입이 전체 수입액 가운데 25%를 차지한다. 이
는 자동차와 반도체, 선박을 수출해서 번 돈보다 22조 원이나
많은 액수다. 따라서 화석연료 감축은 에너지 자립과 무역수지
개선을 위해서도 긴요하다. 나아가 기후변화를 막기 위한 국제
사회 노력에 동참한다는 측면에서도 국가적으로 의미가 대단
히 크다. 또 선진국이 온실가스 배출 기준을 강화하면서 탄소무
역장벽이 점차 높아지고 있는데 여기에 선제적으로 대응하고

향후 300조 원이 넘을 것으로 예상되는 신재생에너지 시장을 선점하기 위해서도 온실가스 저감을 위한 노력은 절실하다.

이와 관련해 정부는 산업·비산업 부문의 온실가스 감축 전략과 원자력·신재생에너지 위주 에너지 자립 방안, 녹색기술 개발, 탄소시장 확대, 녹색 국토·교통 조성, 탄소인증제 도입 등 다양한 정책적 노력을 기울이고 있다.

이 중 대표적인 것이 온실가스 배출권거래제도다. 이는 온실가스를 효율적으로 감축하기 위해 시장 메커니즘을 이용해 온실가스 배출권을 거래할 수 있도록 허용하는 제도다. 즉 온실가스 배출총량을 할당받은 기업은 에너지 절약이나 저탄소 에너지원으로 전환, 제품생산 공정개선, 배출권 구입 등 다양한 방식으로 배출총량을 달성하게 된다. 할당받은 배출총량보다 더 많이 감축하면 배출권을 판매해 비용을 회수할 수도 있다.

문제는 배출권거래제 도입 방식과 주관 부처를 놓고 지경부와 환경부 등 관련 부처들이 심한 갈등을 벌이고 있다는 사실이다. 즉 세계적인 추세에 따라 총량을 제한하자는 총량관리 방식과 국내 산업 경쟁력을 우선하자는 자발적 참여 방식을 놓고 팽팽하게 의견이 대립하고 있다. 합의가 안 되다 보니 현재 국회에 상정된 '저탄소 녹색성장 기본법' 제정도 여의치 않은 상태다.

이 문제에서 우선적으로 고려해야 할 것은 우리 현실과 정부 부처 간 합리적인 역할 분담이다. 현실적으로 우리는 고유가로 많은 에너지 비용을 지불하고 있다. 또 온난화도 지구 평균보다 2배 이상 진행돼 온실가스 배출규제가 상대적으로 시급하다.

산업 경쟁력을 고려하면 자발적 방식이 유리하지만 감축 효과가 작은 만큼 장기적으로 에너지 비용에 대한 국가 부담이 커진다. 또 국제적인 노력에 동조하지 않는 데 따른 부담도 커진다. 이런 측면에서 총량규제를 지향하되 산업별 특성에 따라 일부 자율성을 주는 차별화가 필요하다.

부처 간 역할 분담은 에너지 수급, 배출가스 할당 등 산업지원과 관련된 '조장행정'을 담당할 부처와 배출량 산정·검증, 허용량을 초과했을 때 벌칙 부과 등 '규제행정'을 담당할 부처를 분리하는 것이 바람직하다. 정부 업무의 조화와 균형이라는 차원에서 적합하기 때문이다. 여기에 정부 예산을 절감하기 위해서는 부처의 기존 업무를 고려함으로써 배출규제라는 신규 업무에 따른 투자를 최소화해야 한다.

나아가 향후 온실가스 감축과 관련해 국제사회와 동조도 필수적이다. 따라서 교토의정서 참여국 정부 부처 간 역할 분담이나 국제기구 추이 등을 감안하는 것도 앞으로 국제사회와 긴밀히 협력하는 데 도움이 될 것이다.

우리 현실과 세계적 추이를 감안한 부처 간 합리적 역할 분담이 녹색성장을 위한 선결과제다. 이 점에서 부처 간 원활한 역할 조정을 위한 녹색성장위원회의 노력이 아쉽다.

주먹구구식 수질오염총량제 수술 시급

세계일보 | 2008년, 8월 19일

수질오염총량관리제는 지방자치단체가 자발적으로 목표 수질을 설정하고 이를 달성하도록 오염배출량을 관리해 유역 단위의 하천 수질을 개선하는 제도다. 지자체가 오염배출량을 초과하면 개발이 제한되지만, 반대로 배출량을 줄여 수질을 개선하면 그만큼 개발이 허용된다. 이 제도는 당초 1998년에 수도권 상수원 보호를 위해 한강 수계 지자체에 과도하게 부여된 규제를 풀고 지자체의 자발적인 오염물질 배출 규제를 도모하고자 도입됐다.

그러나 제도가 지닌 문제점 때문에 지자체들의 불만이 높아 10년이 넘도록 한강 수계에 본격적으로 도입되지 못하고 있는 실정이다. 이러다 보니 2300만 수도권 인구의 상수원 보호라는 명목으로 오랜 기간 과도한 규제와 함께 개발이 제한된 경기도 내 한강 수계에 속한 여주, 이천, 가평, 양평, 남양주, 하남, 용인 등은 문제가 심각하다. 실제 이들 지자체는 자연보존권역, 상수원보호지역, 팔당특별대책지역, 수변지역, 개발제한지역, 군사시설보호 등 10여 개의 각종 규제로 지역 발전이 더디어 재정자립도가 전국 평균에 한참 못 미치고, 기초생활수급자가 전국 평균의 배를 넘는 형편이다. 따라서 국가 균형발전 차원에서 오염총량제가 지닌 문제점의 개선이 시급하다.

주요 문제점으로 우선 비현실적인 오염배출량의 계산이다. 선진국은 토지나 가축 등 오염원을 세분화하고 오염원별 장기간 현장 모니터링을 통해 오염배출량을 산정하므로 매우 현실적이고 정확하다. 이에 반해 우리는 오염원 분류가 너무 개략적이고 현장 측정값이 별로 없어 몇 개의 대표적인 오염배출계수만을 사용한다. 따라서 일반적으로 현실보다 오염배출량이 크게 산정되다 보니 지자체로선 개발을 위한 허용 오염배출량을 확보하기 힘든 처지다.

유역별 오염배출량 산정도 주먹구구식이다. 한 개 유역은 여러 지자체를 전부 혹은 일부분 포함하므로 유역 내 오염배출량의 정확한 계산을 위해선 유역에 일부 포함 되는 지자체 지역에 존재하는 토지나 가축, 인구 등을 파악해야 한다. 따라서 오염원 지도가 필수이다. 하지만 예산을 이유로 지금은 유역에 일부 속한 지자체 면적을 해당 지자체 전체 면적으로 나눈 비율로 해당 지자체의 전체 오염배출량을 곱해 해당 유역에 할당한다. 면적을 우선하다 보니 실제 지자체의 토지 이용이나 개발 특성과는 동떨어진 엉터리 수치가 나올 수밖에 없다. 나아가 오염총량제 운용의 절차가 까다롭고 관련 지침이 너무 난해하다. 이러니 지자체는 제도 도입을 꺼릴 수밖에 없다.

이러한 문제점 개선을 위해선 우선 오염원을 세분화하고 현장 모니터링을 통한 현실적인 오염배출계수를 만들어야 한다. 또 하천이 속한 유역과 관련 지자체 간 오염원의 정확한 공간적 분포를 파악하기 위해 선진국과 같이 항공사진과 위성영상을 이용한 신기술 기반의 오염배출량 산정이 시급하다. 이 점에서 이미 국토해양부에서 구축한 항공사진과 GIS(지리정보시스템)를 십분 활용해야 한다. 무엇보다 제도의 도입과 운용 절차를 간소화하고 지침을 일반화해야 한다.

아울러 환경과학원 오염총량센터의 인원과 예산을 확보해 지자체 지원을 강화함으로써 제도 도입에 따른 지자체의 예산과 인력 부담을 줄여 줘야 한다. 구멍이 숭숭 뚫린 불합리한 제도를 무조건 밀어붙일 게 아니라 지역발전과 수질개선을 위해 지자체와 함께할 수 있는 선진 수질 관리가 절실하다.

수질오염총량제, 문제 많다

조선일보 | 2008년 7월 25일

수질오염총량관리제는 지자체가 자발적으로 목표수질을 설정
하고 이를 달성하도록 오염배출량을 관리하여 하천수질을 개
선하는 제도이다. 지자체가 오염배출량을 초과하면 개발이 제
한되지만, 반대로 배출량을 줄여 수질을 개선하면 그만큼 개발
이 허용된다. 당초 지자체의 개발 요구가 높은 한강 수계를 대
상으로 도입되었으나, 제도가 가진 비현실성과 까다로운 절차
등으로 지자체가 도입을 꺼려 하천 수질개선이 어려운 실정
이다.

  우선 오염배출량 계산이 비현실적이다. 선진국은 토지나 가
축 등의 오염원을 세부적으로 분류하고 각 오염원에 대하여 오
랜 기간 현장 모니터링으로 측정된 오염배출계수를 사용해 오
염배출량을 산정한다. 반면, 우리는 오염원의 분류가 개략적이

고 현장 모니터링을 통한 측정값이 별로 없다. 예를 들면, 도로나 공터, 휴간지 등을 모두 '대지'로 분류한다. 아울러 도로가 가진 오염배출계수를 '대지'에 속한 오염원 전체에 적용한다. 따라서 현실적으로 공터나 휴간지는 도로보다 오염배출이 훨씬 적은데도 도로와 동일하게 계산된다. 결국 실제보다 오염배출량이 과다 계산 되어 지자체가 개발에 필요한 허용 오염배출량의 확보가 힘든 실정이다. 서둘러 오염원을 세분화하고 현장 모니터링을 통한 오염배출계수를 만들어야 할 것이다.

아울러 오염총량제는 유역별로 목표수질을 설정하므로 각 유역에 대한 오염배출총량의 계산이 매우 중요하나, 현실은 너무 주먹구구식이다. 유역은 보통 여러 지자체의 전체 혹은 일부를 포함한다. 따라서 정확한 오염배출량 계산은 유역 내 지자체가 가진 오염원의 공간적 분포를 고려해야 한다. 그러나 현실은 예산 부족과 절차의 까다로움 등을 이유로, 유역 내 오염배출량을 각 지자체의 전체 면적 비율로 할당한다. 이 같은 할당은 대단히 비과학적이고, 지자체 간 갈등을 심화시킬 소지가 크다. 예산과 절차를 탓하기보단 선진국처럼 항공과 위성영상 등을 활용한 신기술 기반의 오염배출량 산정이 시급하다.

오염총량제 운영 절차도 까다롭고 관련 지침도 너무 난해하다. 시범 도입 한 한강 수계의 광주나 용인의 경우, 지침이 난해하여 외부 연구용역으로 시행계획을 수립하다 보니 예산 소요가 크고 전담인력 확보도 큰 문제다. 따라서 절차를 간소화하고 관련 지침을 일반화하여 향후 지자체의 투입인력과 예산을 최소화할 필요가 있다.

끝으로 기존에 수질개선 명목으로 경기도 내 한강 수계 여주, 가평, 양평 등 7개 지자체에 부과된 자연보존권역, 상수원보호지역, 팔당특별대책지역 등 10여 개의 각종 규제를 우선 철폐한 후 오염총량제를 시행해야 한다. 이들 지자체는 규제로 인한 지역 발전이 더디어 인구밀도와 재정자립도가 전국 평균의 절반에도 못 미치고, 기초생활수급자는 전국 평균의 배가 넘는 실정이다.

환경·건교부, 따로 노는 하천정책

조선일보 | 2007년 11월 21일

우리나라에서 먹는 물을 공급하는 한강 등 4대강 국가하천의 수질 관리는 환경부 소관인 반면 수량과 하천 부지의 관리는 건교부 소관이다. 따라서 양질의 먹는 물 공급을 위한 두 부처의 긴밀한 협조는 기본임에도 현실은 정반대다. 환경부는 지속적 수질 악화에 대응하여 98년부터 수질오염총량제의 실시와 함께 상수원에 해당되는 국가하천 주변에 폭 500~1000m의 수변구역을 설정하였다. 수변구역에 속한 토지를 매입하여 오염발생시설을 제거하고 오염물질이 수변구역을 거치면서 정화되어 하천에 유입되도록 완충 역할도 하고 생태공원 등의 친수공간도 만들고 있다. 현재까지 4500억 원에 달하는 대규모 예산이 토지 매입에 투입되었다.

이와 반대로 건교부는 국가하천 부지를 주민에게 임대하는 토지 점용 허가를 실시하고 있다. 우리나라는 강우 특성상 단기간에 집중홍수로 인한 피해를 막기 위해 하천수로 양측에 물을 일시에 저장할 수 있는 폭 1km 정도의 여유 공간, 이른바 홍수터를 갖고 있다. 이것을 평상시 주민에게 임대하여 경작토록 한 것이 토지 점용 허가이다. 문제는 홍수터가 하천 수로와 수변구역 사이에 위치하여 주로 밭작물을 가꾸고 다량의 비료를 주기 때문에 강우 시 고농도 오염물질이 자정작용 없이 바로 상수원으로 유입되어 오염 피해가 매우 크다. 더욱이 허가 없는 무단 경작이 많아 문제점은 더욱 심각하다. 이러니 아무리 환경부에서 수변구역을 지정하여 대규모 예산을 투입한들 부처간 상반된 정책으로 수질개선 효과도 낮고 예산 낭비까지 우려된다.

따라서 제도 개선과 부처간 정책 조정이 시급하다. 우선적으로 환경부의 4대강 특별법과 건교부의 하천법에서 관련 사항을 시급히 보완하고 국조실을 통한 부처간 정책 조정이 필수이다. 하지만 이것이 근본적인 해결은 아니다. 우리나라는 이미 오랜 세월 부처 편의주의에 따른 상반된 정책 집행으로 하천 주변 난개발과 오폐수 유입, 홍수터의 무분별한 경작, 이로 인한 퇴적물 집적 등에서 야기된 수질문제가 심각하다. 따라서 하천의 준설과 수량 증대, 홍수터 정비 등을 통한 수질개선을 위하여 대규모 하천 정비가 시급하다. 특히 하천 정비는 하천의 홍수 대처능력을 증대하고 홍수터를 친수 공간으로 바꾸어 주민 삶의 질 향상에 기여도가 높다. 매우 시급한 사업임에도 엄청난 예산 소요로 시작도 못 하는 실정이다.

　무엇보다 중요한 국민의 먹는 물 확보 차원에서 차기 정부는 하천 정비와 친수 공간 확보를 위한 법 제정과 부처간 역할 정립, 예산 확보, 국가와 지자체의 역할 분담, 선진 물관리를 위한 유역관리위원회의 활성화, 나아가 필요시 과감한 부처 통폐합을 포함한 정부구조 개편도 고려해야 한다. 대선을 한 달 앞둔 지금, 이러한 중대 사안에 대한 정책 검증보다는 후보간 '네거티브' 공방만이 설치는 작금의 상황이 안타까울 따름이다.

1조 들여 구축한 GIS, 활용 못 하는 환경부

조선일보 | 2006년 11월 14일

하수관의 부실공사는 심각한 사회적 문제이다. 공사가 부실하면 매설된 하수관에 빗물이나 지하수 등의 I·I(침입수-Infiltration, 유입수-Inflow)가 다량 유입 된다. I·I가 많으면 처리할 필요 없는 하천수나 지하수가 하수처리장으로 유입되어 경제적 손실이 크고 우기에는 처리장의 용량초과로 오염된 하수를 처리하지 못하고 그대로 하천으로 방류하여 상수원의 수질악화나 생태오염을 초래한다.

I·I의 추정을 위해선 정확한 하수관의 분포와 인구수, 명확한 하수처리구역의 설정, 하수관의 구간별 유량 모니터링이 필수적이다. 그러나 현실은 넓은 지역에 소수의 유량계만을 가지고 유량을 측정, 너무 현실과 동떨어져 있다. 그런데 정부는 하수관거 정비에 향후 2020년까지 36조 원을 투입할 예정이다.

이중 상당액이 국가와 지자체가 민간자본을 20년간 임차하는 BTL(Build-Transfer-Lease) 방식으로 충당될 것임을 고려하면 국가적으로 매우 심각한 사안이 아닐 수 없다. 따라서 정확도 높은 I·I의 계산을 위해, 우선 하수처리 구역을 보다 세분화하고, 각각의 하수관과 연결된 인구를 파악하여 정확한 발생 하수량이 추정되어야 한다. 또한 하수관의 주요 지점별 상시 유량 모니터링을 실시하여 구간별 시간대별 I·I가 파악되어야 한다. 문제는 이를 위해서는 정확한 하수관의 위치와 연결성, 그리고 제반 시설물 정보를 보여 주는 지도정보가 필수적이다.

건교부는 이러한 지하시설물의 효율적 관리를 위해 95년부터 1조 원이 넘는 예산을 투입해 국가GIS(지리정보시스템)사업을 추진, 정확도 높은 지하시설물 지도를 구축했다. 그러나 아직도 이 지도가 하수관 공사와 유지 보수에 활용되지 못하고 있다. 활용을 위한 제반 작업 지침이 사전에 수립되어 공사에 반영되지 못하기 때문이다. 이러니 침입수 유출수 등이 우려되는 지역의 파악이 힘들고 보수작업이 이루어지지 못해 관거의 부실이 가속화되는 실정이다. 환경부는 이제라도 건교부와 협의를 통한 GIS 기반의 관거 모니터링을 실시, 준공 기준의 수립과 유지보수를 위한 표준지침을 서둘러 만들어야 한다.

또한, GIS 기반의 관거해석을 통한 하수유입량의 분석 기술 등을 조속히 개발, 하수 기술의 대외자립도를 높여야 한다. 나아가 정통부와도 협력하여 U-City 시범 사업 지역에 U-상하

수도 관리를 위한 공동 기술개발도 시도하여 부처 간 예산의
공동 활용을 통한 IT 강국의 이점을 최대한 살린 선진 상하수
도 관리기술의 확보에도 힘써야 한다.

Ⅳ 4대강 살리기

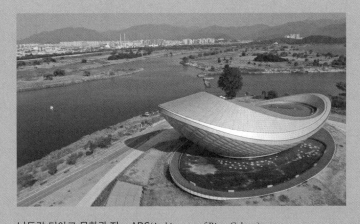

낙동강 디아크 문화관 The ARC(Architecture of River Culture)
대구시 달성군 다사읍 죽곡리에 위치한 디아크 문화관은 4대강사업 일환으로 강정고령보
와 함께 건설된 문화관이자 미술관이다. 강 표면을 가로지르는 물수제비, 물 밖으로 뛰어오
르는 물고기 모양과 같은 자연의 모습과 한국 도자기 모양의 전통적인 우아함을 함께 표현
했다.

물관리는 특성상 지역 간, 그리고 계층 간에 다양한 형태의 갈등과 양극화를 겪어 왔다. 특히 2008년부터 2012년에 걸쳐 추진된 '4대강 살리기 사업'은 환경원리주의를 주창하는 환경론자들과 국토의 균형개발과 주민친화적 보전을 위한 하천 개발을 찬성한 진영이 큰 갈등을 겪었다. 우리나라의 대표적 하천 갈등의 사례로서 찬반을 떠나 두고두고 우리에게 많은 교훈을 줄 것이라 생각한다.

나는 2009년경에 4대강 TV토론회에 나가 보라는 절친한 교수의 권유를 받고 고민을 하다 토론에 참여한 이후 본의 아니게 4대강 찬반 소용돌이에 휘말리게 되었다. 본 장은 당시 찬성과 반대가 첨예하게 대립하면서 갈등을 빚는 모습을 안타까운 심정으로 바라보던 내가 작성한 칼럼을 정리한 것이다.

내가 4대강 토론이나 기고를 하게 된 이유는 두 가지였다. 하나는, 우리나라가 매년 홍수로 3~4조 원 가까운 피해를 본다는 점을 감안하면 홍수피해 절감은 물론, 물확보와 직간접적인 수질개선, 수변생태공간의 조성, 나아가 지역균형발전에 기여가 크다는 점에서 4대강 살리기 사업에 찬성이었다. 4대강 살리기 사업 전신인 한반도대운하사업은 위에서 언급한 효과도 있지만 물류를 위한 것인 만큼 나는 좁은 나라에서 대운하사업에 회의적이었다. 또 다른 이유는, 나는 수문학에서는 석사학위만 받았으므로 대외적으로 4대강 사업에 대한 의견을 피력할 입장은 아니었다. 그런데 당시 정부의 4대강 사업 설명이나 홍보가 내가 겨우 이해할 수 있을 정도로 난해하여 국민들에게 쉽게 설명을 했으면 하는 마음이 작동하였다. 이런 취지로 나름 신문 기고와 방송매체 등을 통한 의견 피력에 참여하였다.

당시 일부 환경단체에서는 수문학 석사에 불과한 사람이 정치적으로 찬성한다는 비판이 있었다. 하지만 나는 그 당시에만 해도 수문학·환경 관련 국내외 논문을 250여 편 썼을 만큼 관련 분야를 잘 알고 있었다. 물론 반대하는 환경단체의 주장도 환경 친화적인 측면에서 타당한 면이 있지만 너무 환경원리주의에 입각하여 현실을 외면하는 것 같아 안타까웠다.

4대강 살리기의 좋은 취지에도 불구하고 아쉬운 것은 정권이 바뀔 때마다 휘둘린다는 것이다. 실제 그간 이루어진 4차례의 감사원 감사만 봐도 그렇고, 2021년 12월부터 진행 중인 5번째 감사원의 '4대강 보(洑) 감사'도 그렇다. 물론 사업 추진 당시 정부의 단기간 사업추진으로 인한 부작용과 일부 건설사들의 담합 등 국민 정서에 부합하지 못한 점이 있었던 것은 사실이다. 그러나 이것은 어느 국책사업에서나 겪는 진통이다. 자연을 대상으로 한 사업인 만큼 진정한 4대강 살리기에 대한 판단은 좀 더 시간이 흐른 다음 보다 성숙한 국민의식을 가지고 하는 것이 옳다고 본다. 아울러 4대강 사업을 교훈 삼아 앞으로 국가적 사업의 추진 여부를 놓고 논쟁하는 민의(民意)의 수렴 방식도 많이 달라질 것으로 기대한다.

국민 의식의 성숙과 함께 시민단체(NGO)의 의식도 달라져야 할 것이다. 지금도 내가 사는 인천 송도 주변에서는 고층빌딩 건설이나 다리 건설 등 주요 개발 이슈에 대하여 환경단체의 반발이 심하다. 과연 이들 환경단체가 이곳에서 살면서 불편을 느끼고, 지역의 장래와 도시의 미래상을 꿈꾸는 우리네의 심정을 얼마나 이해할까 라는 생각에 안타까움이 크다. 환경단체는 아무리 들어 보아도 화재위험, 습지보호, 환경파괴 등 통상적이고 원론적인 반대구호만 외칠 뿐 현실적인 대안을 제시하지 않는다. 이런 점에서 과연 국민들이 이들 주장에 얼마나 공감할지 미지수다. 그들 주장대로라면 롯데타워도, 서해대교도, 인천공항도, 수도권순환고속도로도 존재해서는 안 된다. 그런데도 자신들 입맛에 맞는 정권에 대해서는 비판조차 없다. 오히려 환경파괴를 자행하는 대규모 태양광 사업 등 신재생에너지 사업에는 적극적으로 참여하기까지 한다. 이 역시도 우리 국민의 의식이 보다 성숙해지다 보면 바람직한 방향으로 바뀔 것으로 기대해 본다.

- "4대강 洑 감사, 정권 면죄부用 안 된다", 문화일보 | 2021년 12월 14일
- "한강洑 철거, 서울시 일방 결정 안 된다", 문화일보 | 2012년 6월 8일
- "홍수 조절 능력 확인한 경인 아라뱃길", 서울신문 | 2011년 9월 9일
- "법원의 4대강 판결과 환경원리주의", 문화일보 | 2011년 1월 20일
- "4대江 주변개발 성공을 위한 5대 과제", 문화일보 | 2010년 12월 24일
- "4대강 반대 환경단체의 독선과 위선", 문화일보 | 2010년 8월 4일
- "4대江 사업 효과 극대화 위한 과제", 문화일보 | 2010년 6월 9일
- "4대강 소송, 과거에서 배우자", 세계일보 | 2010년 3월 19일
- "4대강, 홍수·수질사고 위험 대비해야", 한국일보 | 2010년 3월 6일
- "아직도 방황하는 4대강 IT", 전자신문 | 2009년 12월 16일
- "운하 포기를 담보하라니", 한국일보 | 2009년 7월 30일
- " '4대江 살리기'의 4대 성공조건", 문화일보 | 2009년 6월 10일
- "4대강 살리기 '스마트파워'가 아쉽다", 전자신문 | 2009년 7월 1일
- "u리버 기술 도입 서둘러야", 전자신문 | 2009년 4월 13일
- "IT융합이 절실한 4대강 살리기", 전자신문 | 2009년 3월 12일

4대강 洑 감사, 정권 면죄부用 안 된다

문화일보 | 2021년 12월 14일

현 정부가 끈질기게 추진해 온 4대강 보(洑)의 해체와 개방의 적정성 여부에 대해 감사원이 감사(監査) 개시 결정을 내렸다. 올 1월 환경부의 금강·영산강의 5개 보 해체 및 상시 개방 결정에 대한 평가 방식과 절차 등이 타당한지를 따지겠다는 것이다. 이번 감사는 지난 2월에 시민단체인 4대강국민연합의 공익감사 청구에 따른 것이다. '월성원전 1호기 경제성 조작' 같은 불법행위도 감사원 감사를 통해 드러난 만큼 이번 감사에서 국민의 4대강 관련 많은 궁금증을 풀어 주기를 기대한다.

먼저, 이번 4대강 감사는 이명박 정부부터 현 정부까지 5번째다. 5차례의 감사 결과도 대학 학점으로 보면 A부터 F까지 다양하다. 이러다 보니 4대강 사업에 대한 국민의 생각은 혼란스럽다. 4대강 사업은 홍수피해를 줄이고 물 확보와 수생태 개선,

지역 발전 등을 염두에 뒀던 만큼 그 결과는 상당 기간에 걸쳐 나타난다. 따라서 국민이 시간을 가지고 판단할 수 있어야 한다. 단기적 결과보다는 광범위하고 장기적 안목에서 국민의 이해를 돕는 감사를 기대한다.

둘째, 계속되는 진실 싸움에 국민은 지쳐 있다. 이번에야말로 감사원이 객관적 진실을 밝혀야 한다. 2017년 5월, 4대강 보의 수문 개방을 지시하면서 청와대는 '4대강 보는 수질 악화의 요인'이라고 공언했다. 그러나 금강·영산강 5개 보를 2018년부터 3년간 수문을 완전 또는 부분 개방 해 수질을 측정하니 결과는 달랐다. 보에 물을 담아 정상 운영 한 2013~2016년보다 수질이 더 나빠진 것이다. 보에 물을 담았을 때가 보 수문을 열었을 때보다 수질이 더 좋았다는 것이다. 정부는 지난해 8월에도 관련 보고서를 통해 이 사실을 확인했다. 그런데도 이를 전혀 언급하지 않은 채 지난 1월 보 해체 및 상시 개방 결정을 내렸다. 4대강국민연합과 전문가들은 이를 진실 왜곡으로 보는 것이다.

셋째, 이미 만들어진 보를 허무는 데 드는 세금에 국민은 더욱 허탈하다. 4대강 보 개방을 위해 투입된 세금만 1530억 원에 이른다. 여기에 내년 800억 원과 현 정부 이후 취수·양수장 이전 사업에 8000억 원 등 보 개방 비용으로 1조 원이 소요될 예정이다. 이는 눈앞의 비용만 따진 것이고, 보 주변 물 부족으로 인한 농사 피해와 뱃길사업 등의 중단에 따른 지역경제 악영향 등 향후 손실 비용은 더 클 것이다. 가만둬도 경제적 이익이 대단한 보를 국민 세금을 써서 없애고 또 그 후유증을 없애려고 세금을 써야 하니 이번 감사에선 보의 비용·편익을 단단히 따져야 한다.

넷째, 작은 공공기관의 심사나 평가를 위한 위원회 구성에도 적법성은 기본이고 전문성과 형평성·대표성·합리성 등을 고려해 위원을 구성한다. 이러한 관점에서 이번 보 해체 결정을 주도한 환경부 4대강조사·평가기획위원회와 국가물관리위원회의 위원 구성 및 제반 운영 실태도 살펴야 할 것이다.

끝으로, 대선이 채 3개월도 안 남은 시점인 만큼 국민은 정권 말기에 면죄부 주기 식 감사로 마무리되는 게 아니냐는 의구심이 많다. 이런 점에서 더 객관적인 사실과 검증에 입각한 감사가 돼야 한다. 아울러 4대강사업의 성격상 상당한 시일이 걸릴 수 있겠지만, 대선 전에 감사를 마무리함으로써 국민의 올바른 선택에 기여해야 함은 물론이다.

한강洑 철거, 서울시 일방 결정 안 된다

문화일보 | 2012년 6월 8일

한강의 잠실과 신곡 2개 수중보(洑)는 1982~1986년 중 진행된 한강종합개발사업에서 수로를 정비해 치수 능력을 높이고 유량을 증가시켜 수질을 개선하면서 용수 공급도 확대하기 위해 만들어졌다. 보 덕에 강변 수변공원을 조성하고 배도 다니면서 시민의 친수(親水) 레저 활동도 상당히 증가했다. 이러한 이점에도 불구하고 최근 한강을 보전하기 위한 자문기구인 한강시민위원회가 한강 수중보 철거를 주장하고 나섰다. 보를 철거하면 물이 정체되지 않고 유속이 빨라지면서 수심도 얕아져 수질 개선은 물론 한강의 자연성을 회복하고 수변경관도 좋아진다는 것이다. 하지만 이는 단편적 사실만을 강조한 측면이 크다.

먼저, 보가 철거되면 풍수기에는 유속도 증가하고 수심이 낮아져 수질개선 효과가 나타나겠지만, 갈수기에는 수질 악화가 매우 우려된다. 보가 물을 정체시켜 수질을 악화시킨다지만 보에서 수질 악화는 온도와 수심, 햇빛 등 다양한 인자가 작용하는 만큼 일방적으로 단정할 순 없다. 기존 보에서 물이 월류(越流)되는 만큼 물 흐름이 완전히 차단된 것도 아니다. 보다 중요한 건 한강에 보를 건설한 이후 그 전과 비교해 수질이 2~3배나 좋아졌다는 사실이다.

다음으로, 보를 철거하면 자연성 회복과 백사장 복원, 나아가 수변경관도 좋아진다는 주장은 현실성이 적다. 실제 한강종합개발 이후에 개발 이전보다 생물종 다양성이 풍부해졌고 밤섬의 습지나 장항 습지도 규모가 커지고 있으며 일부 구간에서 모래 퇴적 현상도 보인다. 이것은 보 건설 이후 25년이란 긴 세월을 거쳐 생태계가 안정된 것을 의미한다. 보를 다시 철거할 경우 생태의 안정과 복원에 또다시 긴 세월이 필요할 것이다. 또, 싱가포르처럼 하천 주변 땅이 국유지도 아니고 90% 이상이 사유지인 우리 현실에서 경관 조성을 목적으로 토지 사용을 강제화할 수도 없다. 지금의 한강은 그나마 인위적으로 확보된 풍부한 유량과 수변 친수공간 덕에 연간 5600만 명이나 방문한다. 결국 보 철거 이후 자연성 회복과 주민의 친수공간 활용 효과를 장담할 근거는 빈약하다.

그리고 보 철거로 수심이 얕아지고 유속이 빨라지면 침식이 활발해져 오히려 퇴적이 줄어들 수 있다. 게다가 팔당댐이 상류에 있어 모래가 제대로 쌓일지도 의문이다. 나아가 빨라진 유속은 쇄굴 등을 초래해 교량의 안전도 문제가 되고 수심이 낮아지면 배조차 다니기 힘들다. 해수 유입과 지하수위 저하로 인한 피해는 말할 것도 없다.

또 하나 보다 심각한 것은, 보를 철거하게 되면 한강의 용수 공급 능력이 훼손된다는 점이다. 현재 팔당댐 상하류에서 수도권 주민의 식수(食水)가 하루 약 870만t 취수되며, 이 가운데 470만t은 팔당댐 하류와 잠실수중보 사이 25㎞ 구간에서 이뤄진다. 특히 잠실수중보 상류 5~6㎞ 이내 구간에서 취수되는 양도 90만t에 가까워 잠실수중보가 철거되면 수심이 2~3m 정도 낮아져 상당한 수도권 주민의 식수 확보가 어려워질 수 있다. 서울은 취수장 대부분을 상류로 옮겨 문제가 없으나 다른 지자체는 심각하다. 신곡수중보 역시 하루 64만t의 농업용수를 김포시와 고양시에 공급하므로 이들 지자체의 피해가 심각하다. 결국 한강시민위원회의 주장은 다른 지자체 피해를 고려하지 않은 서울만을 위한 지역 이기주의로 비칠 수 있다.

따라서 한강이 서울만을 위한 것이라는 편견을 버리고 과연 보 철거 이후에 순기능이 나타날 것인지 서울과 경기도 주민이 함께 참여하는 거버넌스 형태의 협의체를 통한 과학적 검증을 위한 논의가 시급하다. 그러한 노력이 소모적 논란을 없애고 지역갈등을 해소하며 지역 이기주의도 타파하면서 강 중심의 공동체 발전을 도모할 것이다.

홍수 조절 능력 확인한 경인 아라뱃길

서울신문 | 2011년 9월 9일

1987년 7월 26일과 27일, 굴포천 유역에는 강우량 343㎜의 엄청난 폭우가 쏟아졌다. 하천이 범람하면서 대홍수가 발생해 굴포천 유역에서만 사망자 16명, 재산피해 420억 원 등 막대한 홍수피해가 발생하였다.

그로부터 24년이 지난 올 7월 26일부터 28일까지 사흘간 서울·경기 지역에 기록적인 집중호우가 쏟아졌다. 굴포천 유역에도 352㎜의 강우량을 기록하였다. 전국적으로 사망·실종자가 70여 명에 달하고 1만 4000명의 이재민이 발생하였다. 그러나 1987년과 달리, 굴포천 유역의 피해 소식은 없었다. 24년 만에 또다시 발생한 기록적인 폭우로부터 굴포천 유역을 안전하게 지켜 낼 수 있었던 것은 바로 '경인 아라뱃길' 때문이었다고 할 수 있다.

굴포천 유역은 전체의 40% 이상이 저지대로, 홍수 때 굴포천 수위가 한강 수위보다 낮아 자연배수가 안 돼 거의 매년 심각한 수준의 인명과 재산피해를 입었다. 호우에 따른 재난이 끊이지 않았다. 인공 방수로를 건설하여 굴포천 유역의 홍수를 서해로 배제시키는 '굴포천 방수로사업'이 시작되었다. 또 지난 2009년부터 한정된 국토와 자원의 효율적 활용을 위해 '경인아라뱃길사업'이 추진되었다.

경인 아라뱃길은 평상시 굴포천 방수로를 주운수로로 이용하여 서울 강서구 개화동에서 인천 서구 시천동을 거쳐 서해로 접어드는 총 길이 18㎞, 폭 80m의 뱃길로, 한강과 서해를 연결하여 육상교통 체증 완화 및 수도권 물류난 해소 등을 위한 사업이다.

이번 집중호우 때 경인 아라뱃길은 굴포천 유역의 강우를 서해로 배제하는 역할을 훌륭히 완수하였다. 경인 아라뱃길이 없었다면 약 22㎢ 면적의 굴포천 하류 유역은 과거와 같이 깊이 1~2m의 물속에 잠겼을 것이다. 경인 아라뱃길 본연의 기능인 홍수 조절 능력을 다시 한번 확인한 셈이다. 지난해 추석 연휴 첫날인 9월 21일 인천, 부천, 김포 등 굴포천 유역 일대에 16시간 동안 222㎜의 기습적 폭우가 내린 때도 마찬가지였다. 1987년 7월 대홍수 수준인 50년 빈도의 폭우였지만, 아라뱃길은 굴포천 유역을 안전하게 지켜 주었다.

최근 들어 집중호우 발생빈도가 잦아지고 그 규모가 날로 커지는 기후 경향을 보이고 있다. 굴포천 상류 지역인 인천 계양구·부평구, 부천시 등은 과거에 저지대 농경지였으나 현재 급속하게 도시화가 진행된 지역으로 바뀜에 따라 홍수가 급속하게 하천으로 흘러들어 하천이 범람할 수 있는 위험성이 높다. 경인 아라뱃길의 홍수 조절 능력은 확인되었지만, 여기에 각종 치수시설물 운영의 묘가 더해져 아라뱃길 시스템의 홍수처리 능력이 향상된다면 앞으로 굴포천 유역은 1987년의 아픔을 다시 경험할 일은 없을 것이다.

다가오는 10월이면 아라뱃길이 개장된다. 국내 최초의 운하인 경인 아라뱃길은 평상시에는 뱃길로 화물과 관광객을 실어 나르고, 홍수 때에는 안전하고 믿음직한 물길로서 지역민들에게 든든한 버팀목으로 자리해야 할 것이다. 긴 시간, 수많은 우여곡절을 겪은 아라뱃길이 국가 경제성장의 원동력이 되고 국민에게 주목받는 상징물로 역사에 남을 수 있도록 다 같이 힘을 모을 때다.

법원의 4대강 판결과 환경원리주의

문화일보 | 2011년 1월 20일

법원이 4대강 살리기 사업 중 하나인 '영산강 살리기' 사업취소 청구소송에서도 정부 측 손을 들어 줌에 따라 소송을 제기한 국민소송단은 한강·금강·낙동강·영산강에서 모두 패소했다. 하지만 이러한 법원의 판결에도 불구하고 일부 환경단체에서는 항소의 뜻을 밝히는 등 법원 판결에 수긍하지 않고 있다.

4대강 사업 취소 소송은 2009년 11월 4개 수계별로 일제히 시작됐으며, 지난해 12월 3일 한강을 시작으로 같은 달 10일 낙동강, 올 들어 12일 금강, 그리고 이번 영산강 소송을 끝으로 모두 정부의 승소로 끝났다. 이러한 4대강 소송에 있어 법원의 일관된 판결의 의미는 분명하다.

우선, 4대강 살리기 사업의 정당성을 인정했다는 점이다. 법원 판결은 4대강 사업의 필요성과 정당성, 수단의 적절성, 사업시행으로 예상되는 피해 규모나 예상 피해에 대한 대책 등을 종합하면 정부가 재량권을 일탈·남용했다고 보기 어렵다고 판단했다. 나아가 대운하 사업도 인정하기 힘들다는 사실을 명확히 함으로써 사업의 정당성을 인정했다.

그리고 법원 판결은 4대강 사업의 절차적 합법성도 인정했다. 즉, 판결문에서 4대강 사업이 국가재정법과 하천법, 환경영향평가법, 수자원공사법 등 관계 법령을 위반했다고 보기 어렵다고 명시했다. 아울러 홍수예방과 수질개선, 생태계 영향 등의 위법성 판단에 있어서도 원고의 주장에 이유 없음을 분명히 했다.

이번 판결을 계기로 국민소송단은 환경원리주의에 집착해 판결에 불복하고 항소를 통해 국책사업에 대한 지루한 법정 공방을 재현해선 안 된다는 사실을 깨달아야 한다. 이미 과거의 많은 사례에서 막대한 국가 경제적 피해를 경험했기 때문이다.

4년 7개월이 걸린 새만금 재판은 10년 넘게 지속된 사회적 논쟁과 함께 1조 원의 국민 혈세를 낭비했다. 서울외곽순환고속도로 사패산터널 공사는 불교계와 환경단체의 반발로 2년 이상 공사가 중단돼 총 6000억 원의 피해를 봤다. '도롱뇽 소송'이라 불리는 경부고속철도 2단계 천성산 구간 원효터널 공사 소송은 2년 8개월간의 법정 공방으로 6개월의 공사 지연과 상당한 예산을 낭비했다. 인천공항과 평택 미군부대 이전, 부안 원전센터 반대, 세종시도 그랬다. 결국 국책사업에 대한 지루한 소송과 반대는 공사 지연과 국민 불편, 막대한 국민 혈세의 낭비, 그리고 국론 분열과 지역 갈등만을 남겼고 결과적으로 달라진 것은 없다.

4대강에 대한 법리적 논쟁과 소송을 정치적으로 악용해선 안된다. 이번 법원 판결에서 보듯이 국민소송단이 4대강 사업에 대한 소송에서 승소할 수 없다는 점을 알면서도 최대한 끌고 가는 것은 결국 그 목적이 승소가 아닌 4대강 사업에 대한 논란을 유도하자는 의도로 비칠 수도 있다. 즉, 4대강 사업에 대한 논란 자체만으로도 4대강의 부정적 이미지를 국민에게 심어 주어 정부·여당에 영향을 줄 수 있는 만큼 내년 총선이나 대선까지 소송을 끌고 갈 수도 있다는 오해를 불러선 안 될 것이다.

정부는 이번 판결을 계기로 사업의 충실한 마무리에 최선을 다해야 한다. 소송 과정에서 제기된 홍수 대비와 지천의 효율적 정비, 보(洑)의 수질관리, 문화재 훼손 우려 등에 관한 철저한 계획과 검증 방안을 마련해야 한다.

이제는 소모적 논쟁을 멈추고 4대강을 중심으로 기후변화 시대에 국토의 지속가능한 균형 발전에 중지를 모아야 할 때다. 그래야 자연과 인간이 공생하는 친수구역의 조화로운 활용으로 국민 삶의 질을 개선하고 일자리도 창출하며, 나아가 새로운 성장동력으로 활용도 가능하다. 이제 4대강 사업을 반대해 온 환경단체 등은 환경 도그마에 집착해 더 이상 국책사업의 발목을 잡는 행태를 반복하지 말아야 한다.

4대江 주변개발 성공을 위한 5대 과제

문화일보 | 2010년 12월 24일

국회 본회의를 8일 통과한 4대강 살리기 사업의 '친수구역 활용에 관한 특별법 공포안'이 21일 국무회의 심의에 보고됨에 따라 내년 4월 시행을 앞두고 시행령 등 관련 후속 법령 준비가 바빠졌다. 반면, 민주당 등 애초부터 4대강 사업에 반대해 온 야당은 특별법 제정이 오히려 난개발을 부추기고 특정 기관만을 위한 특혜이며, 현실 여건상 굳이 특별법이 필요치 않다는 주장을 들어 여전히 반대론을 접지 않고 있다.

향후 특별법을 기반으로 국가와 지자체, 지방공사, 공기업 등을 포함하는 공공부문에서 친수구역의 종합적인 관리와 함께 체계적인 개발이 가능하다. 이러한 친수구역 개발은 사람과 자연이 공존하는 수변생태공간을 제공해 국민 삶의 질 향상에 많은 기여를 할 것이다. 나아가 개발을 통해 얻은 이익을 공공부문을 통해 단계적으로 회수해 하천관리 등 공익사업에 재투자할 수 있어 재정 기여도 대단하다. 특히 4대강의 사업효과가 가시화하는 내년부터 친수구역에 대한 투기와 난개발 또한 우려되는 만큼 특별법을 통한 단속이 필요하다.

친수구역은 국민 삶의 질 향상에 기여가 크고 개발이익도 큰 만큼 무엇보다 쾌적성과 활용성을 높여야 한다. 이를 위해 정부에서는 특별법 시행을 위한 시행령과 후속 법령 마련에 있어 다음 사항들을 고려해 친수구역의 기대효과를 극대화하고, 나아가 난개발로 인한 실패 가능성을 사전에 차단해야 한다.

첫째, 사업의 당초 목적에 부합하도록 기본에 충실해야 한다. 즉, 친수구역 조성에 있어 이상홍수로 인한 인명과 재산 피해, 오염발생 부하량과 하천 유량의 변동을 최소화해야 한다. 나아가 하천의 고유한 생태와 역사, 문화와 경관적 가치 등을 조화시키는 것도 필수다.

둘째, 수변의 특성을 살린 개방적이고 품격 있는 경관 조성을 위한 관리가 중요하다. 즉, 도로나 제방 등으로 인한 공간 단절을 극복하고 하천에 대한 접근성과 하천 간의 연계성을 개선하며, 수변에 상징적 랜드마크를 조성하고, 공공·문화 시설의 배치를 통한 경관미 확보도 필요하다. 아울러 둔치를 활용한 자연친화적이고 활동적 공간 조성과 건축물 높이의 적정 규제, 기존 시가지와 경관의 이미지 연계 등이 필요하다.

셋째, 하천 및 환경 친화적 수변단지 개발을 위해 자연의 원리를 기반으로 자연친화적 저영향개발(LID)을 지향해야 한다. 혁신적인 우수(雨水)관리를 통해 빗물의 양과 속도를 줄이고 수질오염을 방지해 경제적이고 탄력적인 개발을 유도해야 한다. 투수성 포장 재료를 사용하는 것도 필요하다. 이와 함께 제로 에너지 사용을 지향해 탄소배출 저감에 도움이 되는 건축물의 태양열 에너지 활용이나 공원녹지계획 등을 활성화하고, 신재생 에너지의 활용도 의무화해야 한다.

넷째, 친수구역의 교통수요 발생을 줄이도록 대중교통시설 위주로 주거·상업·업무 기능이 혼합된 대중교통 지향형 도시 개발(TOD)을 추구해야 한다. 통과교통 위주의 간선도로 건설을 지양하며, 자전거 및 보행 친화적 녹색교통화를 지향하고 전기자동차 등 친환경 교통수단을 관광자원으로 활용할 필요가 있다.

다섯째, 후발 주자로서 시행착오를 최소화하기 위해 선진 해외 사례에서 배워야 한다. 해외의 친수구역 개발은 문화·관광 거점 조성, 신시가지 개발 위주의 리버프런트 개발, 하천 주변 재개발을 통한 도시 재생의 추진, 그리고 하천 축을 활용한 대도시권의 광역적 지역개발 등 4가지 유형으로 분류된다. 한국도 장기적으로 특색 있는 국토의 균형 발전을 위해 지역에 적합한 친수구역 개발 모형을 정립해야 한다.

이러한 노력이 전제돼야 친수구역의 조성을 통한 국민 삶의 질 향상도 극대화될 수 있다.

4대강 반대 환경단체의 독선과 위선

문화일보 | 2010년 8월 4일

4대강 사업의 중단을 요구하며 14일째 농성 중인 환경단체가 남한강 이포교 부근 강변에 음식물 쓰레기를 제대로 처리하지 않고 열흘 넘게 불법 매립 한 사실이 드러나 비난이 거세다. 환경보호와 식수대란 등을 내세워 4대강 사업에 반대하는 환경단체의 이러한 행위는 앞으로는 환경보호를 외치며 뒤로는 환경훼손을 일삼는 '일탈행위'로 볼 수밖에 없다.

더욱이 환경단체는 매우 위험한 농성을 하면서 공사 진행을 방해하고 있다. 한강의 이포교에선 3명이 높이 30m의 교각을, 낙동강의 함안보 현장에선 2명이 높이 40m의 타워크레인을 각각 점거 중이다. 그야말로 생명이 위태로운 행동까지 하면서 환경보호를 주장하고 식수대란을 경고하는 것이다.

하지만 다른 한편으로는 2200만 수도권 주민의 식수원 주변에 아무렇게나 쓰레기를 버리는 이중적 행위를 하고 있다. 이러한 행동에서 국민은 환경단체의 4대강 사업 반대가 진정 전문성이나 객관성에 바탕을 두기보다는 정치적 이중성을 지닌 환경단체만의 도그마에 의한 '반대를 위한 반대'임을 확인할 수 있다. 이는 독선과 위선으로 국민을 기만하는 것이다. 정부의 4대강 사업 반대를 주장하던 이시종 충북도지사도 '큰 틀에서 찬성한다'는 입장을 3일 4대강 살리기 추진본부를 방문한 자리에서 밝혔다고 한다. 환경단체 역시 무모한 농성으로 반대 주장만 펼 게 아니라, 이처럼 찬성하는 목소리에도 귀를 기울여야 한다.

나아가 이러한 환경단체의 무모한 농성은 대단한 국가적 피해를 초래한다.

첫째, 공사 지연으로 인한 비용의 증가다. 이미 두 현장에서는 민·형사상의 업무 방해와 손해배상을 들어 하루에만 2500만 원에 달하는 피해 소송을 공사업체가 환경단체를 상대로 제기했다. 여기에 농성 현장의 치안 유지를 위한 경찰 병력의 파견과 주민 불안의 가중, 국민 불편 등 사회적 비용과 혼란도 만만찮다. 실제로 과거에 환경단체의 근거 없는 국책사업 반대로 인한 수조 원의 국고 낭비와 공사 지연, 국민 불편의 가중과 국론 분열을 충분히 경험했다. 새만금 간척과 서울외곽순환도로 사패산터널, 천성산 도롱뇽 소송, 인천공항, 부안 방폐장 등은 대표적인 사례다.

둘째, 이러한 농성은 지역사회의 갈등과 분열을 부추긴다. 환경단체는 아직도 기존의 국책사업과 4대강 사업의 근본적 차이를 깨닫지 못한다. 즉, 4대강 유역에 전 국토의 70%가 포함되고 전 국민의 78%가 거주한다는 점에서 사업의 파급효과가 크고 사업에 대한 지역 주민의 기대 또한 높다. 따라서 사업에 반대하는 환경단체에 대한 지역 주민의 불만도 커서 이포교 공사 현장에선 주민 불만이 폭력사태로까지 악화했다.

셋째, 이번 환경단체의 농성에서 특히 우려되는 것은 만에 하나 안전대책이 미흡해 발생할 수 있는 극단적 결과다. 농성 중에 어떠한 이유로든 인명사고라도 발생할 경우에는 귀중한 인명 피해는 물론이고 걷잡을 수 없는 여론의 소용돌이와 함께 장기간의 공사 표류 등 심각한 후유증을 우려하지 않을 수 없다.

끝으로, 이제는 환경단체도 이해 당사자의 하나로 분쟁을 주도하던 과거를 청산하고, 대화와 협상을 거부하는 극단주의를 벗어나야 한다. 나아가 향후 4대강 사업을 통한 홍수와 가뭄 대처, 수질개선, 하천생태 복원, 지역사회 발전이 가능한 선진 유역관리시대에 걸맞은 환경단체의 역할 재정립과 설득력 있는 대안을 제시할 역량 증대가 시급하다.

이러한 노력 없이는 이번 여주 주민들이 환경단체에 보여 준 "여주가 발전할 기회를 막지 말고 여주를 떠나라."는 요구가 4대강 사업 지역 전체로 확산되는 것은 시간문제다.

4대江 사업 효과 극대화 위한 과제

문화일보 | 2010년 6월 9일

현재 30%의 진척을 보이고 있는 4대강(江) 사업이 내년 12월 준공을 목표로 공사가 한창이다. 보(洑)는 이미 절반이 콘크리트 기초공사와 골조공사가 거의 완료돼 공사용 가물막이를 철거 중이며, 내년 중반이면 주요 공정이 정리될 예정이다.

그런데 6·2 지방선거에서 당선된 일부 지자체장들이 4대강 사업의 총력 저지를 선언하면서 우려가 커지고 있다. 지금 한창인 가물막이 철거와 준설토 처리 등이 제때 되지 않으면 다가올 홍수철에 홍수피해와 수질사고 위험은 높아질 수밖에 없다. 또한 지자체와 중앙정부 간 불협화음으로 인한 공사 지연은 엄청난 추가 공사비 지출로 이어질 수 있다.

나아가 반대하는 지자체 수장들은 하나같이 보와 준설은 반대, 수질개선은 찬성이라는 입장이다. 이는 수질개선과 보, 준설은 제각기 별개로, 상관관계가 없다는 좁은 시각에 기인한다. 바람직한 수질개선은 물 확보와 비점오염원 제거, 하천 정비가 병행돼야 한다. 따라서 보를 이용한 물 확보, 농경지 등 넓은 지역에서 유입되는 비점오염원의 제거를 위한 하천 바닥의 오니 제거를 위한 준설, 하천 주변의 비닐하우스 정비를 통한 농약 유입 차단 등 하천 정비가 필수다.

특히 한국의 하천은 경사가 크고 건국 이래 대규모 하천 준설을 하지 않아 토사가 쌓여 수질이 악화하고 물그릇이 줄어 홍수피해는 커지는 악순환의 고리로 연결돼 있다. 매년 4대강에 2조 2000억 원의 수질개선 비용을 투입해도 여전히 수질이 열악한 것은 이번 4대강 사업처럼 넓은 시각에서 전체 하천을 대상으로 이수(利水)와 치수(治水)를 동시에 하지 못했기 때문이다. 따라서 국내 현실에 필수이며 되돌릴 수 없는 사업에 대한 소모적 찬반 논쟁보다는 공사 이후 사업효과를 극대화하는 노력이 시급하며, 특히 두 가지를 서둘러야 한다.

첫째, 16개 보의 활용효과를 극대화하도록 운영 주체를 미리 정해 운영 방안과 제반 지침, 관련 국가적 표준 등을 마련해야 한다. 보는 홍수통제소와 같이 국가가 직접 운영하거나 다목적 댐과 같이 공기업이 운영을 대행할 수 있다. 여기서 우선 고려할 것은 물 확보와 홍수예방, 수질개선 등 보의 역할을 극대화하는 상·하류 다목적댐과의 연계 운영이다. 여기에 소수력발전과 주기적 준설로 수심 유지, 시설물의 효율적 운영, 나아가 보 주변 녹색공간의 효율적 활용도 고려해야 한다.

둘째, 4대강에 투입된 재정을 국가와 지방자치단체, 공기업 등 공공부문을 통해 회수하기 위한 제반 준비 작업이다. 이는 특히 국가의 재무 건전성 개선과 4대강 사업에 투자한 공기업의 부채 경감 측면에서 중요하다. 따라서 4대강 주변의 친수구역을 주거·산업·관광·레저 등의 복합공간으로 개발해 투입된 재정 회수와 경제 활성화, 지역 특화 발전을 모색해야 한다. 이를 위한 개발 대상 지역의 선정과 수익 모델의 검토, 수행 조직의 확보와 제도적 보완 등이 선행돼야 한다.

첨단 의료단지로 선정된 대구시에 달성보와 강정보를 중심으로 대규모 에코워터폴리스를 건설해 세계적인 의료·관광의 복합 서비스를 제공하기 위한 구상은 좋은 선례이며 이상적 수익 모델도 가능하다. 아울러 개발을 위한 국내외 다자간 협의와 대규모 민간자본의 유치 등은 보의 운영 주체와 해당 지자체만으로는 조직 특성상 한계가 있어 별도 법인 설립 등 유연한 조직 확보 전략도 필요하다. 또한 현재 국가하천 주변은 지역에 따라 15개가 넘는 규제로 난개발과 수질악화 등이 우려되는 만큼 제도적 보완이 따라야 한다. 이 같은 관점에서 현재 국회에서 논의 중인 '친수구역 활용에 관한 특별법' 제정도 시급하다.

4대강 소송, 과거에서 배우자

세계일보 | 2010년 3월 19일

지난해 11월 26일 4대강 사업에 반대하는 정당과 시민단체가
모인 '4대강 국민소송단'이 4대강 사업은 '반법치적'이라며 공
사정지 가처분신청을 전국 4개 법원에 제출했다. 따라서 얼마
전 공사정지 신청이 기각된 서울을 제외하고 대전과 전주, 부산
에서 법원 결정이 뒤따를 예정이다.

　이번 집행정지 청구 기각에서 재판부는 "토지 수용 처분을 받
은 당사자가 돈을 통한 보상으로도 참고 견딜 수 없는 손해를
입었다고 볼 수 없다"고 밝혔다. "제출한 자료만으로는 신청인
들이 주장하는 손해가 구체적으로 어떤 형태로 어느 정도 발생
되는지에 대한 설명이 부족하다"는 것이다. 법원은 또 "4대강
사업을 정지하지 않을 경우 한강 유역의 상수원을 식수원으로
사용할 수 없을 정도로 수질이 오염된다는 주장에 대해서도 소

명이 부족하다"고 말했다.

4대강 사업의 법리 논쟁은 법정에서 판단하겠지만 문제는 국책사업에 대한 논란과 소송에 따른 국민 피해이다. 우리는 이미 진행 중인 국책사업에 대한 소송으로 인해 대단한 피해를 경험했다. 4년 7개월이 걸린 새만금 재판은 10년 넘게 지속된 사회적 논쟁과 함께 1조 원의 국민 혈세를 낭비했다. 서울외곽순환 고속도로의 사패산터널은 불교계와 환경단체의 반발로 2년 넘게 공사가 중단돼 총 6000억 원의 피해를 보았다. '도롱뇽 소송'이라 불린 경부고속철 2단계 천성산 구간 원효터널 공사 소송은 2년 8개월간 법정 소송에서 6개월의 공사 지연으로 하루에만 70억 원, 총 2조 6000억 원의 피해를 보았다. 결국 국책사업에 대한 지루한 소송은 공사 지연과 국민 불편, 막대한 국민 혈세의 낭비, 그리고 국론 분열과 지역 갈등만을 남겼고 결과적으로 달라진 것은 없다. 이 점에서 과연 우리가 과거의 오류를 반복해야 하는지 의문이다. 4대강 소송도 승자에 상관없이 패자의 항소로 지루한 법정 공방이 이어질 것이다. 그 과정에서 피해는 고스란히 국민 몫이 될 것이다.

따라서 우리는 보다 현명해져야 한다. 지금이라도 법리 논쟁을 자제해야 한다. 그보다는 시민감시단을 운영해 공사를 감시하고 4대강의 원활한 관리와 하천 거버넌스(협의체)를 위한 유역협의체 운영 등이 국민과 환경을 위하는 길이 아닐까 한다. 반대론 속에는 수용키 어려운 주장도 포함돼 있지만 정부도 힘의 대결보다는 자세를 낮추고 그들의 목소리에 귀를 기울여야 한다. 법원도 원고·피고를 따지는 법리의 적용보다는 국민 혈세의 낭비와 하천 재앙을 막도록 조정자 역할을 해 주었으면 한다.

4대강, 홍수·수질사고 위험 대비해야

한국일보 | 2010년 3월 6일

4대강 사업은 22조 원의 대규모 예산이 투입되는 국책사업인 만큼 사업목적의 달성을 위한 최선의 노력을 기울여야 한다. 그러려면 국가적 위기관리 차원에서 몇 가지 위험인자를 사전에 파악해 대처해야 할 필요가 있다.

첫째, 공사 중 홍수발생 위험이다. 공사기간을 2011년 말까지로 한 것도 예산 절감보단 홍수에 노출되는 기간을 최대한 줄이자는 것이다. 실제 26개월 공사기간 중 하천공사는 홍수가 오는 우기인 6월~9월을 빼면 18개월만 가능하다. 보 건설을 위해 임시로 설치한 가(假)물막이는 우기 전에 철거해야 물의 소통을 막지 않아 피해를 예방할 수 있다. 이것이 제대로 안 되면 홍수 시 물이 제방으로 월류하여 저지대 침수는 물론 가물막이 자체가 붕괴되어 4대강의 취수원이 함몰되는 재앙을 초래할 수 있다. 따라서 4대강 공사는 공사일정 준수가 매우 중요하다. 아울러 어떤 이유로든 공사 지연은 천문학적 비용손실을 동반한다. 이 점에서 4대강에 반대하는 국민소송단이 신청한 4대강 효력정지 가처분 신청은 많은 우려를 낳는다. 만일 다음 달이라도 공사가 정지되면 이미 20% 이상 진척된 하천공사를 되돌릴 수도 없고 그대로 자연재해에 노출될 수밖에 없다. 따라서 법원 판결에도 대비해야 한다.

둘째, 공사 중 수질사고 위험으로 실제 홍수보다 발생위험이 높다. 현재 4대강 공사구간의 213개 취수장은 3,900여만 명에게 먹는 물을 공급한다. 따라서 가물막이 같은 시설물의 붕괴나 준설공사의 관리 소홀로 인한 수질사고는 대단한 재앙을 초래한다. 여기에 오탁방지막을 이용한 부유물 제거는 완전치 못하고 준설토의 장기 적치에 따른 2차 오염도 문제다. 기존 50여 곳 수질자동측정망으로 전체 공사구간의 감시는 더더욱 불가능하다. IT(정보통신)기반 모니터링을 한다고 하지만 이미 4대강 IT 예산이 840억 원으로 줄어 기대하기 힘들다. 따라서 16개 보를 중심으로 수질감시요원을 공사현장에 상주시키는 것이 최선이다. 인력확보를 위해선 관련 기관에서 청년 인턴 등을 선발하거나 예산이 정히 없으면 자발적 시민감시단이라도 활용해야 한다.

셋째, 공사 종료 후, 즉 포스트(post) 4대강에서 가장 우려되는 것은 역시 수질사고 위험이다. 보는 물의 체류시간을 증가시켜 수질사고 발생 시 피해가 기존보다 장기화할 수 있다. 현재 우려되는 대표적 수질사고는 탁수와 조류 발생이다. 탁수는 심미적 영향과 함께 취·정수 비용을 증가시키고 친수활동에 지장을 준다. 조류 발생도 수질 영향은 물론 암 발병과의 연관성도 일부 보고 되고 있다. 여기에 친수공간의 확대로 친수여가를 즐기는 인구가 많아져 오염사고 시 인체에 직접적 피해도 우려된다. 실제 2000년 이후 한강에 20조 원을 투자해 어느 정도 수질 개선이 되었으나 최근엔 다시 나빠지는 것만 봐도 수질관리에 대한 우려가 크다. 따라서 포스트 4대강의 수질관리를 위한 최선의 대비는 실시간 수질모니터링으로 3차원 수리·수질모델을 실시간으로 운영하는 수질감시체계의 구축이다. 그래야 오염사고 시 오염물질의 확산속도와 범위, 농도, 취수원까지 도달시간 등을 실시간으로 산정하여 대응책을 마련하고, 오염물질 경로를 역추적하여 원인제거가 가능하다.

문제는 이러한 모니터링 기능을 위한 전담조직이다. 전담조직이 있어야 예산과 인원 확보가 가능하고 제반 시설과 전문성을 갖출 수 있다. 현재의 수질오염방제센터는 한시적 조직으로 영구전담조직의 설립이 시급하다. 특히나 정부 조직상 전담조직 설립은 상당한 시간이 걸리므로 환경부는 서둘러야 한다. 4대강에 거는 '좋은 물'에 대한 국민의 기대를 최선의 노력과 위기관리로 충족시켜야 할 것이다

아직도 방황하는 4대강 IT

전자신문 | 2009년 12월 16일

올 4월에 4대강 사업의 마스터플랜이 발표되자 IT 내용이 전무하다는 비판이 관련 업계에서 쏟아져 나왔다. 이를 의식한 듯 6월에 발표된 수정안은 일부 IT 내용을 포함했다. 하지만 이 역시 IT를 하기 위한 예산과 조직, 전략 등이 없어 여론무마용이 아니냐는 우려를 낳았다. 실제로 지난달 착공된 4대강 사업 내용에 IT 관련 의미 있는 내용은 전무하다. 늦게나마 이러한 우려를 인식한 국토부가 건설기술연구원으로 하여금 4대강 IT 적용을 위한 ISP(정보화전략계획)를 서둘러 이달 안에 수립하도록 하였다. 현재의 국토부 위주 ISP는 타 부처에서 필요한 4대강 IT를 반영하지 못해 향후 중복 구축에 따른 예산 낭비와 업무 비효율성도 우려된다. 특히 홍수와 가뭄 대처, 수자원 확보, 수질개선 외에 수변생태공간 활용, 강 중심 문화발전과 관광자원의 확보, 기업 투자의 유치 등 광범위한 4대강 사업 목적을 고려하면 범부처 간 IT 활용이 필수란 점에서 우려가 크다.

따라서 4대강 IT를 위한 보완이 시급하다. 첫째, 4대강과 관련된 부처 업무 중 IT가 필요한 분야를 망라하는 통합 ISP작업이 급선무다. 향후 4대강 사업 이후 국토부 하천관리와 환경부 수질관리, 보를 중심으로 수변생태공간을 활용하는 주민이나 지자체, 나아가 문화와 관광, 휴양 등 다양한 테마의 지역명소를 가꾸는 농식품부의 금수강촌사업 등에서 필요한 정보는 유사성이 크다. 따라서 사업 초기에 각 부처와 지자체에 필요한 정보를 일괄 취합 해 센서와 네트워크, 서버 등 정보통신 인프라를 공유함으로써 효율적인 정보 획득과 제공, 관리방안을 제시해야 한다. 그래야 정보의 중복 구축을 방지하여 예산도 줄이고 무엇보다 4대강 본래 목적을 달성할 수 있다.

둘째, 통합 ISP는 단순한 ISP가 아닌 향후 4대강 주변지에 친환경 그린시티 개발을 위한 국가차원의 IT 청사진과 로드맵이 제시돼야 한다. 4대강 사업 초기 3년간의 보 건설과 준설, 생태하천 조성 등은 정부 예산에 의존하나 이후 진정한 강 중심의 문화발전과 지역발전을 위해서는 기업투자가 필수다. 즉, 저탄소 녹색성장시대에 기업이 지역 특색을 살리면서 건강식품이나 농산물을 생산하거나 u헬스 등 첨단 IT 기반의 실버타운 조성 등 다양한 사업이 가능하다. 따라서 u-IT와 녹색 IT가 결합한 그린시티 조성을 위한 국가차원의 IT 청사진과 로드맵이 제시돼야 한다. 그래야 기업 투자는 물론이고 수자원공사의 수변단지 개발이나 농식품부의 금수강촌사업도 추진이 용이하다. 4대강 사업은 단기적으론 국토부와 환경부가 주도하지만 장기적으로는 정부와 기업, 지자체 중심의 지역개발이 핵심임을 명심해야 한다.

셋째, 4대강 IT 컨트롤타워가 급선무다. 정통부 업무가 방통위와 지경부, 행안부 등으로 나뉜 지금, 범부처를 아우르는 통합 ISP나 로드맵의 제시, 관련 예산 확보 등을 위해선 필수다. 지금까지 4대강 IT가 주인 없이 방황하는 것만 봐도 그렇다. 따라서 IT특보에게 4대강 관련 책임과 권한을 일부 위임 하고 컨트롤타워 역할을 부여하는 것도 좋은 전략이다. 이러한 고민과 노력이 없이는 다양한 부처의 정보의 통합과 융합을 통한 대단한 부가가치를 창출할 수 있는 IT의 장점을 살리지 못해 '도랑 치고 가재 잡는 4대강'이 아닌 '도랑만 치는 4대강'이 될 수도 있음을 명심해야 한다.

운하 포기를 담보하라니

한국일보 | 2009년 7월 30일

이명박 대통령이 지난달 직접 '운하 포기'를 선언했다. 대선 당시 후보로서 신념을 가지고 추진했던 핵심 공약이었던 만큼, 운하 포기는 대통령으로선 대단한 결단이라고 할 만하다. 4대강 살리기가 대운하 건설을 위한 전초전이란 사회 일부의 근거 없는 의혹을 불식시키려는 노력이다. 그러나 대통령이 국론분열을 막기 위해 새삼 대국민 선언까지 했는데도, 4대강 살리기 사업을 반대하는 일부 시민단체는 의혹을 거두기는커녕 오히려 확산시키고 있다.

이들은 대운하 사업 포기를 담보하려면, 4대강 살리기 사업의 마스터플랜을 수정하라고 요구하고 나섰다. 그러나 만약 이러한 요구를 받아들인다면 정부가 그간 국민을 속이고 대운하 건설을 4대강 살리기 사업으로 포장해서 추진했다는 터무니없는 주장을 인정하는 것이 된다. 따라서 애초 정부로서는 들어줄 수 없는 일이다.

더구나 시민단체가 요구하는 마스터플랜 수정의 핵심은 보(洑) 설치와 준설(浚渫) 계획을 없애라는 것이다. 이런 요구는 홍수와 가뭄에 대처하고 기후변화에 따른 물 부족 문제를 해결하려는 4대강 살리기 사업의 근본 목적, 필수적 전제 조건을 포기하라는 것이다. 사업 자체를 그만두라는 것과 같다.

우리나라는 2002년과 2003년 태풍 루사와 매미 때 400명의 인명피해와 10조 원의 재산피해를 보았다. 또 15조 원의 복구비가 들어갔다. 이런 쓰라린 경험만 되돌아보아도 4대강의 보 건설과 준설은 시급하다. 가뭄피해도 마찬가지다. 2001년 가뭄으로 86개 시·군 주민 30만 명이 제한급수의 고통을 겪었고, 50개 시·군의 농업용수가 고갈되었다. 2008년에도 33개 시·군 8만여 명이 제한급수와 운반급수에 의지했다.

이런 상황은 갈수록 악화해 2011년에는 8억t, 2016년에는 10억t의 물 부족이 예상된다. 더욱이 기상이변으로 지난해 강수량이 예년 대비 70%로 줄었고, 하반기엔 예년의 48% 선에 그쳤다. 여기에 한강을 제외한 주요 하천의 수질은 아주 열악한 상태이다. 이를 극복하기 위해서는 '물 그릇'을 늘리지 않고는 달리 대안이 없는 현실이다.

일부에서는 하천 본류보다 지류를 먼저 관리해야 한다고 주장한다. 그러나 전체 국토의 70%와 인구의 78%가 몰려 사는

4대강 본류의 홍수 대처와 양질의 물 공급이 이뤄지면 지류는 치유하기가 수월하다. 낙동강 보가 높이 13m에 달해 운하용이 아니냐고 의심하지만, 낙동강은 특히 물그릇이 작아 물 부족이 심각하고 홍수대처 능력도 한강의 3분의 1에 불과하다. 따라서 상대적으로 많은 물을 저장하여 홍수대처 능력을 높이고 수변 친수 공간을 늘리려니 자연히 보가 높고 숫자도 8개나 된다. 실제 준설은 강바닥에서 2m 정도로 운하 계획 때의 6m와는 차이가 아주 크다.

정부는 태풍 루사와 매미 때 심각한 피해를 입은 낙동강 하류의 홍수 소통 능력을 높이기 위해 2005년 남지에서 마산 쪽으로 3억t 저수용량의 방수로 건설을 추진했다. 그러나 지금 4대강 개발을 반대하는 시민단체의 방해로 성사되지 못했다.

국토의 젖줄이자 생명선인 4대강은 건국 이래 상·하류의 일관된 하천 정비와 준설을 한 번도 제대로 한 적이 없어 홍수와 가뭄을 되풀이 겪고 있는 실정이다. 이런 현실을 바로 보지 않고 4대강 살리기 사업의 핵심인 보 건설과 준설을 폐지하라는 것은 도대체 누구를 위한 것인가. 그야말로 반대를 위한 반대는 이제 그만둬야 한다.

'4대江 살리기'의 4대 성공조건

문화일보 | 2009년 6월 10일

매년 7조 원에 달하는 홍수피해 및 복구비 절감, 만성적인 가뭄 피해 극복, 수질개선과 생태하천 복원을 위한 4대강(江) 살리기 사업을 성공적으로 추진하려면 몇 가지 조건이 있다.

첫째, 정부의 강력한 추진 의지를 바탕으로 한 충실한 사업 계획의 제시다. 8일 확정, 발표된 4대강 살리기 마스터플랜은 6 개월 전에 내놓은 초안과 비교하면 그간 정부가 시민단체와 전 문가 그룹의 반대와 비평을 겸허히 수렴한 대단한 고민의 결과 란 점에서 의미가 크다. 당초에는 4대강 본류만을 대상으로 했 으나 이번 수정안에는 4대강 본류는 물론 섬진강과 13개 주요 지류의 국가하천을 포함, 4대강 본류에만 치중한다는 그간의 우려를 해소했다.

아울러 사업 내용도 기존의 제방 축조, 준설, 저류시설과 댐 건설, 생태하천 조성 위주에서 총인처리시설 등을 추가해 보다 현실적인 양질의 상수원 확보를 꾀했다. 여기에 소하천과 지방하천 정비, 금수강촌 만들기, 신재생 에너지, 산림 정비 등 강 살리기를 통한 문화와 관광 진흥을 다양하게 추진토록 해 사업의 기대효과를 극대화했다. 물론 예산이 당초 14조 원에서 22조 원으로 늘어나 국민 부담은 가중됐으나 보다 충실한 계획 수립과 예산 반영으로 추후에 발생될 추가 비용을 최소화하고 사업의 기대효과를 극대화했다는 점에선 긍정적이다.

둘째, 건국 이래 최대의 하천 정비 역사(役事)인 만큼 국민의 합의를 모아 추진해야 진정한 하천 살리기와 지역 발전을 꾀할 수 있다. 이 점에서 사업에 반대하는 시민단체 등도 근거 없는 주장으로 가뜩이나 어려운 시국에 국론을 분열시키는 행동을 자제해야 한다. 반대론자들이 내세우는 4대강 사업이 대운하의 전초전이란 주장도, 현재 사업계획에 나타난 것처럼 하천 구간별 수심이 일정치 않고 교량 보수가 없으며 보(洑)의 규모가 작고 통선을 위한 갑문이 없는 점 등을 고려하면 근거가 없다.

상대적으로 많은 낙동강 준설에 대한 의혹도 한강 대비 치수능력이 3분의 1에 불과하고, 중상류의 만성적 수량 부족과 하류의 갈수기 수질 악화, 나아가 200년 빈도의 홍수 대응 능력을 키운다는 측면에선 의심의 여지가 없다. 또 준설로 인한 수생태와 수질 악화 주장도 신기술 공법으로 대처할 수 있으며, 보 설치로 인해 홍수 위험이 커진다는 주장도 수문이 설치된 가동보를 설치하므로 근거가 없다.

셋째, 지속적인 사업 내용의 검증과 보완이다. 단기간에 수립된 만큼 치수 능력의 제고와 수자원 확보 계획은 실제로 검증되지 못한 시나리오인 만큼 지속적 연구를 통한 내용의 검증과 보완이 필수다. 아울러 건설 이후 보와 기존 다목적댐의 연계·운영이 필수인 만큼 설계부터 수자원공사 등 전문기관의 의견이 반영돼야 한다. 나아가 하천생태 복원은 지역 특성이 큰 만큼 지역 주민 등 이해 당사자들이 참여하는 유역협의체를 구성, 지속적으로 의견을 반영해야 한다. 이는 앞으로 우리에게 필요한 하천 살리기 거버넌스의 구심점으로 활용할 수 있으며, 국가적으로 시급한 통합 물관리의 구현에도 크게 기여할 것이다.

넷째, 첨단 정보·기술(IT) 기반의 수량·수질 상시관측으로 보와 하천 시설물의 효율적 관리·운영에 힘써야 한다. 이러한 IT 기술은 하천 주변 문화 유적지와 외관을 수려한 아치형으로 다듬은 명품 보, 1200㎞에 이르는 자전거 도로 등을 연계한 친환경 생태관광에 일조해 지역 관광산업 육성에도 크게 기여할 것이다.

이러한 노력으로 4대강 사업은 물 부족과 홍수피해를 근본적으로 해결하고 수질개선과 하천 복원으로 건전한 수생태를 복구하며, 국민 삶의 질 향상과 함께 34만 명의 일자리 창출과 40조 원의 생산 유발로 지역경제를 활성화시키는 녹색 뉴딜사업으로 자리매김될 것이다.

4대강 살리기 '스마트파워'가 아쉽다

전자신문 | 2009년 7월 1일

4대강 사업의 마스터플랜이 지난 4월 처음 공개된 이후, 사업목적의 충실한 달성을 위한 정보기술(IT) 적용이 필수라는 여론이 지배적이었다. 이런 여론을 의식한 듯 지난주 발표된 최종 마스터플랜은 나름대로 IT사업을 포함했다. 주요 내용으로 하천관리와 홍수관리, 수질관리, 관광 등을 위한 정보시스템과 정보관리센터 그리고 RFID를 포함한 센서 개발 등을 들 수 있다.

그러나 열거된 사업을 제대로 추진하기 위한 예산 확보방안과 추진조직, 전략 등 핵심 내용 없이 관련 부처별 사업만을 열거했다는 점에서 정부의 추진의지가 의심되고 실현 가능성도 낮아 보인다. 또 제시된 부처별 정보시스템 구축은 시스템 간 정보공유가 힘들고 중복 구축이 우려되며, 유지보수 효율성이 낮아 예산이 낭비될 수도 있다. 더욱이 하천 구간별 각기 다른 건설사의 IT사업 시행은 전문성 부족으로 문제점을 더욱 키울 것이다.

이런 점에서 IT사업 계획 보완이 시급하다. 가장 우선시해야 할 것이 4대강추진본부 내 IT사업 전담조직을 만드는 것이다. 현재 4대강 사업의 22조 원 예산은 모두 신규 예산이 아니고 기존 국토부와 환경부 등 관련 부처의 연차별 집행 예산을 조기 집행의 형식으로 포함한 것이다. 따라서 IT와 관련된 국토부, 지경부, 행안부, 방통위 등의 업무 조정을 거쳐 관련 예산을 4대강 사업으로 전환하거나 필요시 신규 예산을 확보해야 한다. 이러한 제반 기능 조정과 예산 확보는 전담조직 없인 불가하다. 실제로 지난 4일 수질 분야 업무조정과 예산 조달을 위해 수질 분야 전담조직을 4대강추진본부 내에 신설했다. 이런 맥락에서 IT 전담조직이 없는 현 사업계획은 여론무마용으로 간주되며, 정부의 추진의지도 찾아보기 힘들다.

IT 전담조직이 만들어지면 이를 중심으로 센서와 플랫폼, 통신 기반 인프라, 통합서비스 등과 관련된 표준을 국가차원에서 추진해야 한다. 그래야 4대강에 구축되는 부처 간 정보시스템의 적정 기능 분산과 원활한 정보 공유는 물론이고 유지보수의 효율성도 기할 수 있다. 실제로 표준화가 되면 현재 별도 구축 예정인 하천종합관리센터와 오염통합방제센터를 통합하는 통합관리센터를 만들어 예산 절감과 효율적 수량·수질의 통합관리가 가능하다. 이러한 국가차원의 통합관리기술은 세계 최초로서 향후 세계적 물 부족을 고려하면 우리의 대표적 IT 먹거리 수출상품으로 발전할 잠재성도 크다.

이와 함께 현재 논의 중인 청와대의 IT 컨트롤타워도 어떠한 형식이든 조기에 모양을 갖추어야 한다. 그래야 정부 차원에서 여러 부처로 흩어진 IT업무의 원활한 조정과 함께 4대강 사업과 같은 중대한 국가프로젝트에 범부처적 지원이 가능하다.

마지막으로 현재 정부와 국민 간 아직도 4대강 사업에 공감대가 충분치 못하다는 점에서 국민과의 교감에 IT를 보다 활용해야 한다. 정부가 치수와 수질개선, 생태하천 조성 등 사업의 중요성을 기존 '하드파워'인 토목공사 위주로 국민을 설득하는 데는 한계가 있다. 3D 사이버 하천탐방과 자전거 생태관광, 관광·역사·문화체험 등 다양한 콘텐츠를 인터넷에 올려 국민 홍보와 각급 학교의 교육자료로 활용한다면 상당한 '스마트파워'의 생성이 가능하다.

과거 국토부에서 15년간 추진해 온 국가지리정보시스템(NGIS)의 결과물을 잘 활용하면 단기간의 스마트파워 생성은 그다지 어려운 일이 아니다. 4대강 마스터플랜에 IT사업을 충실히 반영하는 것도 스마트파워를 극대화하는 것이다.

u리버 기술 도입 서둘러야

전자신문 | 2009년 4월 13일

4대강 살리기 사업은 제방·준설·저류·하천부지 활용 등 국가 하천 구간에 대한 종합적 정비(Package)로 홍수와 가뭄 대처, 수질개선과 생태하천 조성, 나아가 한국형 녹색뉴딜사업으로 일자리 창출을 통한 지역경제 활성화 등을 골자로 한다.

우리 하천의 고질적 병폐를 치유하는 측면에서 4대강 사업은 필수이나 한편으론 충실한 사업 목적의 달성을 위해선 현재 계획된 사업 내용을 좀 더 살펴봐야 한다. 우선 치수 측면에서 이상 기후로 극한 홍수 발생 시대에 100년 빈도 제방 축조나 저류지, 준설만으로 연간 8조 원의 홍수로 인한 비용을 막기엔 역부족이다. 여기에 평상시 관리가 제대로 되지 않아 홍수나 가뭄 피해를 가중시키는 수문이나 펌프장 등 10만여 개 하천시설물 관리도 시급하고, 상류와 하류를 통합해 용수공급과 치수기능을 극대화하는 유역통합관리도 필수다.

수질과 생태하천 조성 측면에서도 준설과 저류지로 수량이 늘어 수질개선이 되어도 근본적인 점오염원과 비점오염원의 유입에 대한 상시관측과 관리 없이는 근본적 수질개선은 요원하다. 이는 부산의 물금정수장 등 낙동강에서 뚜렷이 나타난다. 나아가 지역 경제의 활성화도 사업기간 중엔 상당한 기여가 있겠지만 일단 사업 종료 후엔 지속적인 지역경제 기여는 힘들다.

따라서 사업 목적의 달성과 함께 장기적인 지역경제에 기여 방안도 고려돼야 한다. 결국 4대강 사업은 다양한 기술의 융합과 그로 인한 시너지를 통한 사업 목적 달성이 기본인 시대에 너무 토목 위주의 시각에서 기획되었다는 점에서 보완이 시급하다. 따라서 4대강 사업에 언제 어디서나 필요한 하천 관련 정보를 수집·관리·분석·유통할 수 있는 u리버 기술의 도입이 시급하다. 핵심은 RFID 기반의 센서기술과 정보 송수신을 위한 USN 기반의 네트워크기술, 그리고 모아진 정보를 GIS 기반에서 관리·유통하는 통합DB기술이다.

저렴한 센서를 하천과 제방에 설치해 수위와 제방 안전도를 상시 모니터링 하고, 나아가 기상위성과 연계해 돌발홍수를 포함한 수해의 예측과 대비가 가능하다. 특히 해양기상관측 위성이 올해 말 발사되고 기존 포인트 위주의 일기예보가 동네 등 공간위주 예보로 바뀌는 것 등을 고려하면 이러한 물정보 공유 체계의 구축은 매우 시급하다.

이렇게 구축된 u리버 기술은 하천 시설물관리는 물론 유역통합관리에도 꼭 필요하다. 나아가 수위 관측 센서에 수질과 유해물질 탐지 센서를 함께 부착하면 보다 경제적으로 수량과 수질의 통합정보 수집이 가능하다. 센서와 네트워크를 4대강 수중으로 확대·설치하면 어류와 수질, 수온 등 제반 수생태 영상정보를 인터넷, IPTV, 휴대폰, 방송 등 다양한 채널로 전송할 수 있다. 이러한 수생태 정보는 4대강 주변의 문화 유적정보와 함께 관광정보로도 활용이 가능해 지역경제 활성화에도 기여가 클 것이다.

u리버 원천기술이 상당히 개발된 만큼 4대강 적용 시 기술의 실용화는 물론 사업목표를 충실히 달성하고 우리 IT산업의 부가가치를 더욱 높일 수 있다. 특히 u리버 구축에 필요한 예산은 4대강 예산의 몇십 분의 일에 지나지 않고, 이미 구축 중인 u시티 인프라와 공유가 가능하고 관련 콘텐츠 제공과 함께 향후 지자체 경제 활성화에 기여가 높다는 점에서 투자 대비 효과는 대단하다. 나아가 무엇보다 홍수 등 수해에 열악한 우리에게 당면과제인 방재형 국토건설이 가능하다. 따라서 현재 진행 중인 4대강기획에 서둘러 u리버 적용방안을 추가해 4대강 사업이 도랑 치고 가재 잡는 토목과 IT의 윈·윈이 돼야 할 것이다.

IT융합이 절실한 4대강 살리기

전자신문 | 2009년 3월 12일

현재 진행 중인 '4대강 살리기' 사전 기획에서 IT 분야가 철저히 배제돼 관련 업체의 불만이 매우 높다. IT를 비롯한 제반 기술 분야가 배제되고 토목만을 강조하는 4대강 사업이 당초 사업 목적을 제대로 달성할지는 미지수다.

　이 사업은 외견상 홍수와 가뭄 대처, 수질개선, 친수공간 확보 등이 주요 목적이지만 핵심은 홍수예방을 위한 치수사업이다. 1970년대 연평균 1700억 원 정도였던 홍수피해가 최근 2조 7000억 원으로 급증하고, 피해복구비만 4조 2000억 원, 치수사업비가 1조 1000억 원으로 모두 연간 8조 원의 비용이 발생하는 실정이다. 따라서 매년 1조 원씩 투입하던 치수사업비를 집중 투자 하여 고질적 홍수피해를 최소화하고 경제난국에 일자리도 창출해 보자는 의도다.

4대강 사업에서 중요한 것은 무엇보다 치수 능력을 높이기 위한 댐과 저수지 건설, 국가하천 제방 보강이다. 국가하천 제방은 대개 100년 빈도의 홍수에 맞춰 축조됐으나 대부분 오래돼 안전도에 문제가 많아 보강이 시급하다.

여기에 하천 준설이 안 돼 통수 능력이 떨어져 홍수 시 하천 범람과 월류, 제방 붕괴로 피해가 커지기 십상이다. 서둘러 제방을 보강하되, 평상시 제방의 안전성 확보를 위해 첨단 IT 기반의 소프트웨어 기술과 융합이 필수적이다. 제방을 보강하더라도 시간이 지나면 노후로 인한 인명피해도 많은 만큼 평상시 안전성 관리도 중요하기 때문이다.

세부적으로 제방에 RFID/USN 기반의 식별자와 센서, 통신망을 설치해 안전도를 원격으로 측정하고, 극한 홍수 시 제방의 붕괴나 월류를 사전에 감지하여 주민 보호와 대피 등에 활용할 수 있어야 한다. 평상시에도 제방 안전도를 모니터링하는 'u홍수 대응기술' 확보가 중요한 까닭이다.

외국에서는 이러한 기술을 도입 중이지만 이미 국내에서는 과거 u코리아 사업과 u시티사업을 통해 핵심기술을 확보한 상태다. 문제는 제방과 같은 하드웨어에 센서와 통신망, 통합 DB 등을 포함하는 소프트웨어 기술을 융합해야 하는 만큼 우리 실정에 적합한 기술 실용화를 위한 테스트베드 운용이다.

이런 점에서 4대강은 최적의 테스트베드다. 특히 기존 u시티 사업에서 구축 중인 통합DB센터나 통신망 등을 공유할 수 있도록 테스트베드가 운용된다면 비용을 줄일 수 있다. 나아가 이러한 u-홍수 대응기술은 유속과 수량의 지속적 모니터링은 물론이고 10만 개에 달하는 하천시설물의 실시간 관리와 오염원 모니터링 등에도 활용할 수 있어 선진하천관리에 필수다. 또 세계적으로 독보적 기술로서 IT 강국의 경쟁력 제고는 물론이고 기후변화 대처와 녹색 성장에도 필수다.

여기서 안타까운 것은 현재 국토부에서 추진 중인 '차세대 홍수 방어기술 개발' 사업에서 이러한 기술을 개발하고 있으나, 향후 기술 결과물의 보급 차원에서 4대강을 테스트베드로 활용하기 위한 계획이 없다. 대규모 국책사업을 서두르다 보니 한 부처 안에서도 의견 조율이 안 되는 셈이다.

따라서 서둘러 현재 진행 중인 4대강 사업의 기획단계부터 긴 안목의 폭넓은 사고로 소프트웨어의 적용을 위한 설계가 필요하다. 그러나 이보다 시급한 것은 기존의 틀에 박힌 하드웨어 위주의 토목적 사고를 탈피하는 것이다.

V GIS/IT

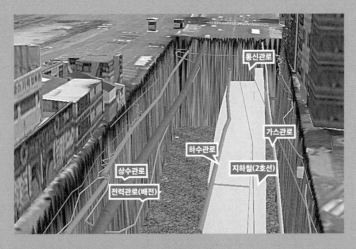

부산시 지하시설물 지도

도심지 지하에는 상하수도와 전기, 통신, 지역난방, 가스, 송유관 등 복잡한 지하시설물이 설치되어 있는 만큼 대축척 지도를 기반으로 정밀한 관리가 필수이다. 현재 국내 지하에 매설된 상수관은 228,323㎞, 하수도는 163,099㎞, 가스관은 48,356㎞에 달한다.

국내에 GIS가 처음 도입된 것은 1980년대로 알려져 있으나 그 중요성을 인정받아 국가적 사업으로 추진되기 시작한 것은 1994년부터이다. 정확히 도화선이 된 것은 1994년 12월 7일 발생한 서울 아현동 가스폭발사고이다. 도시가스 공사 중 발생한 이 사고로 사망 12명, 부상 101명, 건물 파손 145동, 이재민 210세대 555여명의 피해를 초래했다. 가스폭발로 불은 났으나 주변 피해는 크지 않았는데, 문제는 가스를 타고 번진 불길이 계속 확산되어 피해를 키웠다는 점이다. 대표적인 안전불감증으로 꼽힌 사고였다. 이 사고를 통해 지하매설물에 대한 전산대장의 필요성이 대두되면서 GIS 구축을 위한 기획이 서둘러 시작되었다.

이 사고로부터 넉 달 뒤 발생한 대구 지하철 가스폭발사고는 GIS 구축을 더더욱 촉진한 계기였다. 대구백화점 인근 공사장의 천공작업 중 가스관을 파손했는데 여기서 새어 나온 가스가 하수관을 타고 지하철 공사장으로 흘러들어가 폭발한 참혹한 사고였다. 작업하던 건설사는 30분이나 지나 신고를 하고 신고를 받은 가스회사는 30분이나 늦은 사고대처로 피해를 키웠다. 안타깝게도 등교하던 학생 42명을 포함해 사망 101명에 피해액은 600억 원에 달했다.

이러한 참사를 계기로 당시 기획이 시작되었던 국가GIS사업은 더욱 박차를 가하게 되었다. 초기에는 도시 지역의 안전을 위하여 80여 개 시가지에 1:1,000의 지형도를 구축하여 도로와 상하수도, 전기, 통신, 난방, 가스, 송유관 등의 주요 지하시설물을 다루기 위한 인프라를 제공하였다. 이제는 군(郡) 지역까지 확대하여 지하시설물 데이터를 구축 중이나 예산이 열악하고 인력이 부족하여 제대로 갱신이나 운영은 부족한 실정이다.

국가GIS사업은 매 5년 단위로 추진되고 있으며, 사업의 결과물은 전 국토의 안전과 효율적 개발·관리에 기여하는 것은 물론 사회 전 분야에서 활발히 활용되고 있다. 민간에서도 다양한 형태의 GIS가 구축·활용되고 있으며 관련 시장도 빠르게 성장하여 연간 10조 원에 달한다.

사실 1990년대 후반과 2000년대 초기에는 GIS가 국내 도입 초창기여서 전문성 부족으로 제반 사업의 추진에 많은 잡음과 함께 갈등과 혼란이 존재하던 시기였다. 지금은 많은 기술 발전과 인식의 전환이 이루어져 GIS선진국으로서 해외 기술 수출도 많이 하고 있다.

앞으로는 너무 지도상의 거리 정확도에 치중하기보다는 많은 국민에게 지도 활용의 편리성을 위하여 보다 융통성을 가지고 지도보급이 되도록 법·제도적 지원이 되었으면 한다. 나아가 국내 위성발사 등으로 다양한 위성영상도 보급되고 있다. 따라서 인공위성과 항공기, 지상의 모바일 장비를 활용한 다양한 3차원 입체지도 제작이 활성화되었으면 한다. 3차원 지도는 재난의 예측과 피해 감소는 물론 국민 일상생활에 보다 많은 기여를 할 것이다. 무엇보다 재난으로부터 안전한 사회구현을 위한 GIS 역할이 커져야 할 것이다.

- "남극 지도 제작은 미래 향한 도전", 세계일보 | 2011년 12월 1일
- "첨단도시에 필수 '3차원 공간정보'", 세계일보 | 2011년 8월 18일
- "부동산 경기 활성화보다 시급한 것", 매일경제 | 2011년 6월 27일
- "디지털지적도 시대", 세계일보 | 2011년 5월 5일
- "제방도 유비쿼터스 시대", 세계일보 | 2011년 6월 9일
- "2010 민간 IT백서", 전자신문 | 2011년 1월 7일
- "한국형 u시티 정착과 해외수출을 위한 노력", 전자신문 | 2010년 3월 31일
- "공무원 '실용주의 정신' 아쉽다", 전자신문 | 2008년 7월 22일
- "주민에게 짐 지우는 u시티사업", 전자신문 | 2008년 5월 16일
- "위치정보법 개정 서두르자", 조선일보 | 2008년 3월 28일
- "토지조사 특별법 제정 시급하다", 조선일보 | 2007년 7월 31일
- "너무 성급한 u시티사업", 전자신문 | 2007년 6월 15일
- "좌표 후진국 탈피 시급하다", 조선일보 | 2007년 4월 10일
- "영상지도 규제 풀어야", 전자신문 | 2006년 7월 26일
- "부동산 행정절차 개선 필요하다", 조선일보 | 2006년 2월 21일
- "정확한 지리정보 구축하자", 조선일보 | 2005년 9월 6일
- "영토 문제에 대한 대외정책 취약", 조선일보 | 2005년 3월 19일

남극 지도 제작은 미래 향한 도전

세계일보 | 2011년 12월 1일

화장품 업계에서 그들의 마지막 숙제인 피부노화 방지를 위해 극한의 기후에도 강한 생명력을 이어 가는 남극 생물을 이용한 원료 개발에 나섰다는 소식이다. 그뿐만 아니라 후쿠시마 원전 사고와 구제역 등 각종 재난과 질병으로 원료의 오염가능성이 커지면서 최근 청정이미지의 원료를 얻기 위해 남극 연구가 활발해지고 있다.

한반도의 60배 크기인 남극은 인류에게 남은 마지막 미개척지로서 지구상 유일하게 원시적 자연환경을 보전한 거대한 자연과학의 실험실이자 자원의 보고이다. 1400년 남극 탐험이 시작된 이래 세계 각국이 남극개발의 기득권 주장을 위해 연구기지를 설치하고 남극의 환경과 자원 연구에 열을 올리고 있다. 현재 23개국 45개 상주기지에 890개의 과학기지, 4000여 명이

상주하고 있다. 남극은 1998년 체결된 남극조약에 의해 2048년까지 지하자원 개발이 금지돼 있다. 순수한 과학목적의 연구 활동만 허용되고 영유권 분쟁도 잠정 중지 됐다. 그러나 각국의 영향력 확대를 위한 보이지 않는 경쟁이 치열하다. 우리나라도 1988년 킹조지섬에 세종과학기지를 만들어 세계 18번째로 과학기지를 건설했다.

그런데 남극에서 조사연구 활동을 위한 가장 우선적인 작업이 바로 지도 제작이다. 지도가 있어야 보다 용이한 조사연구가 가능하고 그 결과를 효율적으로 표현하며 보급할 수 있기 때문이다. 우리의 남극 지도 제작은 2008년에 시작돼 다른 나라보다 매우 늦다. 반면 일찍이 다른 나라에서 제작한 지도는 1대 100만 정도의 소축척 종이지도 형식이 많아 활용에 제약이 크다.

우리는 상대적으로 앞선 지리정보시스템(GIS) 기술을 적용해 정밀한 수치지도를 제작했다. 세종기지와 장보고기지 주변 150㎢ 지역은 1대 1000과 1대 5000의 대축척 정밀지도를, 외곽의 5500㎢ 지역은 1대 2만 5000의 중축척 일반지도를 제작했다. 남극의 열악한 기후 때문에 국내에서 흔히 사용되는 항공측량에 의한 지도 제작은 불가능하기에 공간해상도 1m의 고해상도 입체 인공위성 영상을 이용해 대축척 지도를 만들었다. 중축척 지도는 고해상도 영상으로 제작이 불가능해 합성개구레이더(SAR) 자료를 사용했다. 대축척 지도 제작에 사용된 고해상도 위성자료는 지표면에서 자연 반사 되는 빛의 세기를 이용해 지형을 파악하기에 야간에는 사용할 수 없고 구름도 통과할 수 없어 좁은 지역 지도 제작에 유리하다. 하지만 SAR는 위성에서 직접 지표면으로 전파를 발사해 반사되는 값으로 지형을 파악하므로 야간 사용은 물론 구름도 통과할 수 있어 넓은 지역 지도 제작에 유리하다.

지도는 등고선과 하천, 바둑판과 같은 격자형식의 표고데이터(DEM), 시설물, 그리고 우리말 지명이 담겨 있어 보다 안전하고 효율적으로 남극 연구에 기여하는 바가 크다. 아울러 현재 만들어진 지도를 스마트폰에 입력하고 애플리케이션을 개발해 다양한 용도로 활용할 계획으로 위성위치정보시스템(GPS) 신호를 이용해 위치 확인은 물론 통신도 가능해질 예정이다. 물론 우리가 만든 지도와 스마트폰 애플리케이션은 다른 나라에도 활용이 높을 것으로 예상된다. 남극에서 영향력 확대를 위한 보이지 않는 치열한 경쟁에 우리 IT와 GIS 강국의 덕을 톡톡히 보는 셈이다. 지도를 바탕으로 그간 남극에서 조사·연구된 모든 자료를 웹기반의 포털로도 구축한다고 한다. 따라서 남극자료를 보다 손쉽게 연구에 활용하고 일반 국민에게도 제공할 수 있어 향후 남극에 대한 관심도 더욱 커질 것으로 생각된다. 이제 좁은 국토에서 벗어나 우리의 미래를 향한 꿈, 내일을 향한 도전을 남극 지도 제작으로 펼칠 날이 머지않았다.

첨단도시에 필수 '3차원 공간정보'

세계일보 | 2011년 8월 18일

지난달 서울시에서 시민 편의를 위해 3차원 공간정보를 제공하기 시작했으며, 여수시와 무안군 등도 지하시설물의 효율적 관리를 위한 3차원 공간정보 구축에 착수했다. 우리 군에서도 지난 5월 미군이 군사지리정보국에서 제공한 3차원 공간정보를 이용해 빈 라덴을 제거한 이후 3차원 공간정보 제작을 위한 지형정보단을 창설했다.

3차원 공간정보는 2차원 평면지도에 높잇값을 추가해 입체감을 갖도록 만든 것으로 3차원 영화와 같이 현실감을 높인 것이다. 3차원 공간정보는 얼핏 2차원 공간정보에 높잇값만 더하면 될 것 같아 제작이 어렵잖게 보이나 기술적으론 상당히 난해하다. 우선 2차원의 지형도에 높잇값을 더해 3차원 지형을 구축한다. 높잇값은 지상에서 위성항법시스템(GPS) 측량으로 얻을 수는 있으나 소요 시간과 비용이 너무 커서 경제성이 없다.

최근 들어 항공기에서 레이저 광선을 지상으로 발사해 지형의 굴곡에 따라 반사되는 파장값에서 지표면의 높잇값을 추출하는 항공 라이다(Lidar)기술이 발전해 보다 경제적으로 이용 가능 하다. 지상거리 수cm 간격으로 레이저 광선이 반사되므로 높잇값이 대단히 많고 레이저 반사파의 잡음 제거와 위치오류의 보정 등 제반 수치해석이 난해하나, 최근 들어 관련 기술의 발달로 경제성이 높아졌다. 반면 워낙 높은 정밀도가 요구되므로 아직도 제작비용이 비싼 편이다.

이렇게 얻어진 높잇값에 항공사진을 얹어서 컴퓨터에 연결된 도화기를 이용해 지상의 모든 시설물을 입체적으로 그려 내게 된다. 이때 사용되는 항공사진은 동일한 지역을 좌우 양방향에서 90% 이상 중첩되도록 찍은 것으로 도화기 좌우 양쪽에 항공사진을 걸어 놓고 작업자가 좌우측 눈으로 동시에 보면서 그리게 된다. 3차원 영화나 TV를 볼 때 스테레오 안경을 착용하고 좌우측 눈의 간격이 느끼는 만큼 입체감을 느끼는 것과 같은 이치이다. 이런 과정을 거쳐 건물 같은 세부 시설물의 정보를 입력하는 단계를 거친다.

이러한 지상시설물과는 달리 지하시설물의 3차원 공간정보의 구축은 상대적으로 용이하다. 대표적인 도시 지하시설물로는 상수도와 하수도, 전기, 통신, 가스, 송유관 등을 들 수 있다.

이 경우에 3차원 높잇값이란 지하에 매설된 시설물의 매설 깊잇값을 의미한다. 이는 복잡한 작업 과정 없이 단순 조사나 탐사에 의해 파악이 가능하다. 전국 84개 도시 지역 대부분의 지하시설물은 깊잇값이 파악된 만큼 3차원 공간정보의 표출을 위한 정보시스템 구축만으로 충분하다. 3차원 정보의 표출이 기술적으로 난해해 비용은 상대적으로 많이 드나 지상시설물의 3차원 공간정보 제작보다는 저렴하다.

이렇게 구축된 지상과 지하시설물의 3차원 공간정보는 다양한 형식의 3차원 지도로 출력이 가능해 도시계획부터 시설물관리, 조경, 건설, 환경, 방재 등 매우 광범위한 분야에 활용할 수 있다. 유비쿼터스 도시(u-City) 건설이나 텔레매틱스(Telematics)와 위치기반서비스(LBS) 등 정보통신기술(ICT) 기반 선진주거환경 구현에도 필수이다. 3차원 지도를 활용하면 홍수 시 시가지의 예상 침수심이나 물이 찰 것으로 예상되는 아파트 층수, 지하시설물의 침수심 등을 예측해 피해를 예방할 수 있다. 매년 물이 역류해 시민 피해를 가중시키는 하수도 관거 관리도 선진국같이 평소 3차원 관리가 가능하다. 도시 지하에 거미줄같이 뻗어 있는 하수도를 실시간 모니터링 해 선제적 대응이 가능한 지능형 하수관리시스템의 구축에 3차원 공간정보는 필수이다. 서울 지하에만 뻗어 있는 하수관거가 1만 500㎞이니 이들 관거의 지능형 관리가 시급하다. 하수도를 더 이상 '물'로 보지 말고 3차원 공간정보로 대응해야 한다.

부동산 경기 활성화보다 시급한 것

매일경제 | 2011년 6월 27일

정부가 국민 경제에 파급이 큰 건설 경기 연착륙과 부동산 경기 활성화를 위하여 분양가 상한제 폐지나 보금자리 정책 보완, 토지거래 허가구역 해지 등 다양한 노력을 기울이고 있다. 그러나 경기 활성화 이전에 시급한 것이 국민 권익 보호 차원의 부동산을 둘러싼 국민 고통 해소다.

우리나라는 좁은 국토임에도 개인이나 기관이 소유한 토지, 즉 필지가 3800만 개나 넘어 국토가 매우 작고 복잡하게 분할되어 있다. 따라서 필지의 경계와 면적, 소유자 등 토지 소유권과 관련된 지적(地籍) 정보를 보여 주는 지적도(地籍圖)는 높은 정확도가 필수이나 현실은 정반대다. 우리 지적도는 아직도 100년 전 일본이 우리 국민을 수탈하기 위한 목적으로 실시한 토지조사사업에서 만들어진 종이지적도를 근간으로 한다. 따라서 마모가 심하고 정확도가 매우 낮아 실제 필지 면적이 지적도와 일치하지 않고 인접 필지 간 경계가 불분명하여 지적도에 오류가 매우 크다. 여기에 6·25전쟁을 겪으면서 측량 기준점이 다수 망실 되고 이후 70년대 들어 산업화와 도시화 과정에서 지적 부실화는 가중되었다. 90년대 정보화 시대에도 지적도면은 단순 전산입력에 그쳐 기존 오차를 그대로 내포하였다.

이러한 지적도 오류는 국민에게 대단한 사회적 갈등과 경제적 부담을 초래하고 특히 이웃 간 잦은 갈등으로 국민불신도 키웠다. 토지 문제로 인한 이웃 간 갈등은 토지경계복원측량을 통하여 합의를 이끌어 내는 것이 상례다. 다툼이 잦다 보니 연간 토지경계복원측량이 26만여 건에 달하고 측량비용만도 770억 원에 달한다. 다툼으로 인한 연평균 소송비용만도 4000억 원이 넘는다. 현실이 이러니 토지 관련 민원도 국토부와 지자체에 연간 수천 건에 달하고, 심지어 개인이 100건 넘는 민원을 제기한 사례도 있다. 결국 민원인이 겪는 불편과 고통은 물론 민원을 수용하는 행정당국도 업무가 마비되는 악순환을 겪는다. 나아가 지적도 오류는 지도 제작 시 부실을 유발하여 각종 대규모 SOC공사에서 심각한 문제로 이어지기도 한다. 또한 택지개발사업 추진 시 사업 지연과 예산 낭비는 물론 소방도로 같은 도시계획도로를 개설하기 어렵고 예상치 못한 비용 발생도 수반한다. 현재 전국적으로 지적도 오류가 많은 지역은 15% 정도며, 특히 도시 지역이 심하여 부산이 24%, 광주가 50%에 달한다.

따라서 전국적으로 지적을 재조사하여 정확도 높은 지적도를 다시 제작하는 것이 시급하다. 이를 위하여 재조사에 따른 지적도와 실제 토지에 차이가 발생할 때 경계 결정과 주민 보상, 수행 기관과 오차 규정, 신기술 적용과 향후 지적도 관리 방안 등을 규정하는 지적재조사특별법 제정이 선결 과제다. 특히나 KDI가 실시한 국민의식조사에서 지적 문제의 심각성과 지적 재조사 필요성에 찬성하는 국민이 94%인 것만 봐도 법 제정과 지적 재조사는 시급하다. 이미 국회에 법안이 계류 중인 만큼 정부·여당이 의지만 있다면 어려운 일은 아니다. 비용도 신기술을 활용하면 과거 4조 원에서 2조 원 미만으로 가능하다. 또한 사전 타당성 검토에서 비용경제성이 0.8로 낮으나 KDI도 제언했듯이 국민이 겪는 고통과 사회적 갈등, 비용 부담을 감안하면 타당성은 매우 높다고 볼 수 있다.

　특히나 과거 17년간 추진해 온 GIS(지리정보시스템)의 활용을 확산하여 11조 원 규모 공간정보시장 형성과 20만 개 일자리 창출을 위해서도 지적 재조사는 매우 시급하다. 그것은 국민 재산권을 보여 주는 지적도가 공간정보시장의 가장 기본이며 핵심 콘텐츠이기 때문이다. 이는 과거 10년간 급성장한 미국 공간정보시장이나 이미 12조 원을 넘어선 일본 사례에서도 나타나고 있다.

　서둘러 '지적 후진국'을 탈피하고 지적 선진화를 이룩해 세계적 블루오션인 저개발국 지적사업에 진출해야 할 것이다.

디지털지적도 시대

세계일보 | 2011년 5월 5일

최근 들어 태백시가 지적(地籍)불부합지의 정비사업을 벌이고 서귀포시가 지적측량도면의 전산화를 추진하는 등 지자체의 지적 관련 사업이 부쩍 많아졌다. 이는 그만큼 우리의 지적 관련 대민 서비스가 타 분야에 비해 매우 열악해 주민 불편이 크다는 것을 보여 준다. 실제 우리의 전자정부서비스는 지난해 유엔 평가에서 1위로 세계 최고인 반면, 국가의 핵심 인프라이면서 토지행정의 근간인 지적제도는 100년 전 수준이다.

지적은 토지의 소유와 관련된 제반 정보를 등록한 공적 장부, 즉 지적공부(地籍公簿)를 뜻한다. 지적공부는 토지대장과 임야대장, 지적도와 임야도 등 다양한 토지 관련 공부를 포함한다. 토지대장은 토지 소재지와 지번, 전·답 등의 지목, 토지거래 현황, 소유자의 주소와 성명, 면적 등을 기록한 것이며 임야에 관한 것은 임야대장에 기록된다. 지적도와 임야도는 각 지번에 속한 토지나 임야의 경계와 면적, 좌푯값을 보여 주는 도면이다.

우리나라는 대만이나 일본과 같이 인구 대비 가용한 국토 면적이 작은 만큼 토지의 활용도가 대단히 높다. 실제 우리나라에는 3800여만 개의 지번이 있으며, 이는 전 국토가 3800만 개로 분할된 것을 의미한다. 각각의 지번에 속한 토지를 필지라 하는데, 우리 국토 면적이 10만㎢ 정도이니 필지당 면적이 800평 정도이다. 국토의 23%만을 차지하는 도시 지역에 밀집한 1300만 개 필지를 고려하면 필지당 530평에 불과하다. 따라서 좁은 국토에 수많은 필지를 가진 우리에게 지적공부의 높은 정확도는 필수이며, 특히 이웃한 필지 간 경계와 면적을 보여 주는 지적도는 더더욱 그렇다.

지적도는 좌표계를 이용해 정확한 측량 결과를 바탕으로 제작된다. 따라서 국가의 표준좌표계를 기준으로 정확도 높은 측량기준점이 전 국토에 걸쳐 일정 간격으로 분포돼야 한다. 그래야 기준점에서 좌표를 따와 정확한 지적도를 만들 수 있다. 특히나 지적도는 전국 어디에서나 토지 매매나 용도 변경에 따른 갱신이 잦은 만큼 정확도 유지를 위한 상당히 많은 기준점을 필요로 한다. 이런 연유로 대부분의 선진국가가 정확도 높은 지적도 제작에 상당한 비용과 시간을 투자한다.

우리나라의 초기 지적도는 불행히도 1910년에 우리 손이 아닌 일본에 의해 토지 수탈과 세금징수를 목적으로 만들어졌다.

당시의 열악한 측량기술로 만든 종이지적도를 그대로 사용해 오는 과정에서 마모가 심해지고 오류도 많았다. 여기에 6·25 전쟁을 겪으면서 측량기준점이 다수 망실이 됐고, 이후 70년대 들어 산업화와 도시화의 급속한 변화 속에서 지적의 부실화는 지속됐다. 이러다 보니 90년대 정보화시대에 들어서도 전산입력의 과정은 거쳤으나 초기 지적도의 오류를 그대로 내포했다.

최근의 측량기술은 위성위치확인시스템(GPS) 기반의 측량기준점 좌표의 획득으로 측량의 편의성과 경제성이 대단히 향상됐다. 여기에 정보기술(IT)과 융합된 토털측량시스템의 개발로 측량의 정밀성이 대폭 강화됐다. 특히 3차원 측량장비인 최첨단 레이저 스캐너의 개발로 가로·세로·높이의 1㎜ 단위까지 입체적 측량이 가능하다. 나아가 3D 지리정보시스템(GIS) 기술의 발달은 기존 2차원 평면지적체계를 3차원 입체지적체계로의 구현이 가능하게 했다. 이러한 신기술 기반의 디지털 지적체계의 구축은 실제와 동일한 토지의 형상을 지적도에서 정확히 재현할 수 있어 낮은 정확도로 인한 문제점을 해소할 수 있다.

따라서 디지털 지적 체계의 구축은 지적도와 실제 토지가 일치하지 않는 '지적불부합'에서 발생되는 소송비용과 이웃 간 극심한 토지분쟁에서 국민을 자유롭게 할 수 있다. 또 국내 공간정보산업을 육성시키고 나아가 세계적 블루오션인 저개발국 지적사업 진출로 외화도 벌어들이는 일석삼조의 효과를 낳는다.

제방도 유비쿼터스 시대

세계일보 | 2011년 6월 9일

지난달 미국 미시시피강이 범람하면서 주 정부는 인구 200만의 하류 대도시가 침수되는 것을 막기 위해 인구 5만의 소도시 방향으로 물길을 돌렸다. 이를 두고 미국 언론은 '소'를 희생해 '대'를 구하는 고육책의 극단적인 선택으로 '악마의 선택'이라 평했다. 그나마 미국은 악마의 선택이라도 할 시간적 여유가 있었다. 반면, 홍수기인 6~9월에 집중되는 강우량과 상대적으로 높은 강우 강도를 고려하면 우리에겐 급속히 불어나는 하천물로 인한 제방의 붕괴가 보다 현실적인 위험이다. 대표적으로 250명이 죽고 6조 원의 피해를 낸 2002년 태풍 루사를 들 수 있다. 그야말로 6~9월은 우리에겐 악마의 선택이 아닌 악마의 계절인 셈이다.

요즘 제방의 안전도를 높이기 위해 기존 제방에 유비쿼터스 기술을 접목한 유비쿼터스 제방(U-제방)이 등장하고 있다. 유비쿼터스 기술은 모니터링 기능과 위치정보시스템(GPS) 기능을 가진 센서를 설치해 24시간 언제 어디서나 모니터링이 가능토록 한 기술이다. U-제방의 구현에 필요한 핵심 기술로는 무선정보인식장치(RFID)와 유비쿼터스 센서망(USN), 그리고 통합 데이터베이스(DB)를 들 수 있다.

  RFID는 전파를 이용해 원거리에서 사물에 대한 정보를 인식하고 수집·저장·가공·추적해 저주파나 고주파, 초고주파, 마이크로파 등 다양한 다역의 무선전파를 이용해 정보를 보낼 수 있는 센서이다. 사물의 정보를 탐지하는 센서에 위치정보를 알려 주는 태그를 함께 설치해 특정 위치의 센서에서 나타나는 변화를 실시간으로 감지할 수 있다. 제방의 붕괴를 사전에 감지하기 위해서는 무엇보다 RFID를 이용해 제방 내외부의 다양한 정보를 실시간으로 모니터링해야 한다. 한 가지 센서로 모든 정보를 취득할 수는 없지만 필요한 정보별로 여러 센서에 위치태그를 부착함으로써 실시간으로 모니터링이 가능하다.

  모니터링의 대상 주요 정보로는 먼저 제방 내부의 물의 침투를 파악하기 위한 수위와 강우량, 간극수압, 누수 정도 등이 포함된다. 여기에 물 침투로 인한 제방 내부의 침식 관련 정보의 모니터링도 필요하다. 즉, 내부 유속과 수위, 하도 특성의 변화, 침식량 파악을 통한 제방의 움직임 여부, 세굴량과 위치 등이 포함된다. 나아가 제방 위로 물이 흐르는 월류에 대한 수심이나 시간, 수량 등도 실시간 파악 해 제방 안전도를 실시간 판단 해야 한다. 여기에 제방 주위 압력이나 누수로 인한 토사 유실 여부, 구조물의 변화 상태 등을 알기 위한 다양하고 세부적인 정보의 모니터링도 필요하다.

USN은 RFID에 기반을 둔 센서가 일정 간격으로 설치돼 실시간으로 모니터링한 정보를 수집해 다양한 사용자가 공유토록 하는 통신 네트워크이다.

통합 DB는 지리정보시스템(GIS)을 근간으로 RFID에서 생성돼 USN을 거쳐 수집된 광범위한 실시간 모니터링 데이터를 다양한 지도 및 콘텐츠와 함께 구축한 것이다. 통합 DB는 다양한 사용자가 요구하는 필요한 정보를 실시간으로 추출해 제공한다. 나아가 수집된 정보의 분석을 통해 사용자로 하여금 제방의 붕괴 가능성을 사전에 알려 주고, 재난 대응 매뉴얼에 입각한 행동요령 등도 전파시킨다.

최근 들어 정부에서도 단기 집중강우로 인한 피해를 막고자 국가하천 제방의 규모를 100년 빈도 홍수 대비에서 200년 빈도로 늘리는 추세이다. 반면, 기후변화 시대에 상상을 초월하는 극한 홍수로 인한 피해 예방에는 한계가 있다. 최선은 U-제방을 설치해 홍수 시 제방에 물이 차오르는 것을 사전에 감지해 제방 붕괴에 대비한 신속한 인명 대피 등 피해 예방이다.

2010 민간 IT백서

전자신문 | 2011년 1월 7일

최근 개최된 'IT코리아 정책포럼'에서는 지난 1년간 작업 결과를 바탕으로 다양한 정책이 제언됐다.

지난해 2월 4일 발족한 포럼은 의장인 오해석 IT특보를 중심으로 6개 분과에서 모두 104인의 전문가가 매월 또는 격월로 주제발표와 세미나를 하면서 대한민국 IT의 나아갈 방향을 함께 고민했다. 특히 이 포럼에 참여하는 전문가들은 모두가 자원봉사였다. 여건이 열악해 자문비나 활동비도 지급받지 않고, IT 발전을 위한 순수열정으로 모여 고민하고 정책 제언을 다듬었다.

사실 정통부가 해체된 이래 IT 융합과 SW 분야의 경쟁력 약화와 시장 위축이 지속되는 현실에서 관련 전문가들의 우려도 컸다. 방통위원장마저 정통부 폐지가 사려 깊지 못한 결정이었다고 인정하면서 IT 특보를 중심으로 대안을 마련한다고 했지만 실제 이루어진 것이 없는 지난 한 해여서 전문가들의 우려는 더욱 컸다. 따라서 금전적 지원 여부를 떠나 포럼에 참여한 전문가들의 열정이 높았고 정책 제언 내용도 충실했다.

주요 정책 제언으로 IT전략분과에서는 'IT를 통한 지식기반 국가선진화 실현'을 비전으로 제시하면서 관련 R&D의 효율성과 효과성 제고, 새로운 비즈니스 모델의 발굴과 글로벌화, 신시장 창출형 창의적 IT 융합선도와 4세대 IT혁신 인프라 구축 등을 제시했다.

IT융합분과는 IT융합의 브랜드화와 함께 융합형 인재양성을 통한 IT융합 역량의 강화, IT융합 핵심부품 개발과 거대 관련 전문기업의 육성, 관련 시장 창출과 신서비스 창출 및 신시장 개척, IT융합 정책지원협의체 간 협력 및 연계 강화 등을 강조했다.

SW분과는 'SW Korea 도약으로 제2의 경제발전 신화창조'라는 비전을 바탕으로 임베디드 SW의 육성과 서비스 융합 비즈니스 발굴, 테스트베드 구축 및 민간 주도 SW R&D의 전환, 공공과 민간의 공정경쟁과 중소기업 활성화, 그리고 수출활성화 등을 제시했다.

인력양성분과는 보다 우수한 명품 인재의 양성을 강조하고 IT 주요 분야별 차별화된 인력 정책의 수립으로 노동시장의 인력수요에 대한 시기적절한 대응, 대학 IT 교육의 질적 개선을 위한 교과부와 장기 협력 방안, IT 관련 대학의 평가방안 등을 포함했다.

인터넷 분과는 인터넷 산업 육성을 위한 웹 비즈니스 육성전략과 중소형 웹 비즈니스 기업 육성, 인터넷 산업의 해외 진출과 우수인재 확보, 사이버 위협과 DDoS 공격 대응 전략, 그리고 선제적 정보보호를 통한 사이버 대응체계 강화 방안 등을 제시했다.

방송통신분과는 이용자 중심 시대를 대비한 건전한 인터넷 문화 확립을 위한 대책과 기존 IPTV 등 유사 서비스 간의 제도 개선, 콘텐츠 중심 시대에 하이브리드형 인재 육성과 저작권 보호방안, 그리고 무선인터넷 시대에 폭발적 데이터 트래픽 증가에 따른 네트워크 대응방안 등을 포함했다.

이와 함께 기존 IT 관련 정책에는 반영되지 못하였으나 향후 10년간 IT 먹을거리로 발전 잠재력이 높은 'IT2020 메가트렌드'를 IT특보가 정리하여 소개한 것도 인상 깊다. 이러한 민간의 자발적 열정과 우려 속에 만들어진 IT코리아 정책포럼 보고서야말로 진정한 2010년 IT백서라 할 수 있을 것이다. 한 해를 보내면서 이러한 정책 제언이 국가 IT정책에 반영되고 나아가 예산과 조직을 갖춘 제대로 된 IT 컨트롤타워의 정립으로 IT 먹을거리의 지속적 창출이 이루어지길 꿈꿔 본다.

한국형 u시티 정착과 해외수출을 위한 노력

전자신문 | 2010년 3월 31일

스마트시티를 구현하기 위한 IT기반의 컨버전스 혁명인 u시티가 화성시 동탄 지구를 시작으로 국내에서 막을 올리고 있다. 동탄을 필두로 올해엔 성남 판교와 파주 운정, 2012년에 수원 광교가 연이어 u시티 서비스를 시작할 예정이다. u시티는 향후 수출 전망도 밝아 미래에 또 하나의 먹거리로 성장잠재력이 매우 크다. 그러나 아직까지 u시티의 수출 실적은 전무하다. 이는 제대로 된 IT기반 컨버전스 모델을 바탕으로 u시티의 운용과 혜택을 보여 주지 못하기 때문이다.

실제 동탄의 경우 운용 초기이긴 하지만 주민이 느낄 만한 다양한 콘텐츠가 없고 기존의 공공서비스와 별 차이가 없다. 아울러 현재의 교통이나 주차, 방범, 일부 시설물관리 등 공공서비스 위주는 수익이 낮아 u시티 운용에 따른 재정 부담이 크다.

나아가 지자체 나름의 수익모형이 부재하여 향후 주민 부담이 더욱 커질 전망이다. 여기에 u시티 운용에 따른 기존 지자체의 업무지원 효과가 크지 않아 지자체 예산 절감에 기여가 낮다는 것도 문제이다. 따라서 이러한 문제점의 해결로 주민과 지자체에 실질적 편익과 혜택을 주는 u시티 구현을 위하여 정부와 지자체의 노력이 시급하다.

첫째, 정부는 법과 제도를 개선하여 지자체가 u시티의 핵심인 통합정보센터의 운영 예산을 편성할 수 있도록 법적근거를 마련해야 한다. 아울러 현재 국토부와 방통위의 갈등인 전기통신기본법도 개정해야 한다. 현행법은 행정기관이 통신망 구축 시 당초 용도 이외 사용이나 통신망 간의 연결을 금하고 있다. 따라서 무선망을 통한 다양한 콘텐츠의 민간서비스로 수익 창출이 어려운 실정이다. 이러한 제도개선이 현재 지자체와 시공사 간 갈등을 없애고 주민 부담 완화에도 최우선 사항이다.

둘째, 제도개선과 함께 정부에서 지원할 것이 국가적 차원의 u시티 운용을 위한 가이드라인의 제시와 함께 전문인력의 양성이다. 실제 다양한 IT 신기술이 융합되어 운용되는 u시티를 지자체가 운용하기 위한 노하우와 아이디어가 적은 만큼 국가차원의 지원이 절실하다.

셋째, 지자체 차원에서 u시티 운용에 따른 기존 지자체 조직의 변화를 통한 업무 혁신과 예산 절감을 꾀해야 할 것이다. 실제 u시티 추진에 따른 예산 중 70% 정도는 u시티 여부에 상관

없이 CCTV 등을 활용하여 도시정보(UIS), 교통(ITS), 방범, 주차, 상하수도 등 기존 도시운영 업무와 관련된다. 따라서 u시티의 통합정보센터 운용을 통하여 연관 업무를 통합하여 관리함으로써 예산을 절감하여 주민의 재정 부담을 덜어야 할 것이다.

넷째, 지자체의 수익모형 창출을 위한 노력이다. 지자체 특성을 고려한 다양한 콘텐츠를 민간에 제공하여 수익을 창출할 수 있도록 노력해야 한다. 아울러 보다 용이한 재원 확보와 주민 부담을 덜기 위한 민간자본이 참여하는 프로젝트 파이낸싱 방식도 겸해야 할 것이다.

이러한 노력으로 IT기반의 컨버전스 혁명을 통한 이종 산업 간 융합에 따른 기술은 물론 제도까지 망라하는 완성형 모델을 구현해야 한다. 그래야 u시티 수익 창출은 물론 지자체 업무 혁신과 예산 절감도 가능하다. 물론 이것이 되어야 해외에서도 앞다투어 우리의 u시티를 수입할 것이다.

공무원 '실용주의 정신' 아쉽다

전자신문 | 2008년 7월 22일

세계적으로 질병 관리 차원의 지리정보시스템(GIS) 역할이 한 층 높아지는 추세다. 반면에 IT 강국 특히 GIS 강국을 주창하는 우리나라 현실은 어떤가. 국토해양부에서 매년 3000억 원 이상을 들여 구축 중인 GIS를 국가방역시스템에 전혀 활용하지 못하는 실정이다.

우수한 통신네트워크와 정보유통망·지형도를 비롯한 다양한 콘텐츠, 이미 표준안이 만들어진 UFID 기반의 지오코드(Geo-code), 다양한 인재 양성 등 GIS 인프라는 선진국 수준임에도 불구하고 그 활용도는 매우 낙후한 수준에 머물고 있다.

일례로 몇 개월 전 전북 김제의 고병원성 조류독감(AI) 발생 때 발병 건수 43건에 가금류 830여만 마리가 살처분된 바 있다. 이는 지난 2003~2004년의 19건과 2006~2007년 7건이 발생한 것에 비하면 매우 우려되는 것으로 지적됐다. 이러한 AI 확산의 가장 큰 원인은 무엇보다 초기 방역망의 부실을 꼽을 수 있다. 발병 초기 발생 지점 반경 3㎞ 이내 철저한 살처분이 이뤄지지 못했다. 발병 한 달이 지나 가금류 거래를 금지하고 차량 소독을 실시했다. 늑장 대응을 한 것이다.

이는 중앙정부와 지자체, 관련 기관의 유기적 협조를 통한 국가적 방역시스템이 부재함을 여실히 보여 주는 것이다. 아울러 살처분된 가금류의 처리도 과학적 분석 없이 해당 농장 인근 땅에 파묻는 주먹구구식으로 이뤄졌다. 전북도에만도 150곳이 넘는 매몰 장소가 있는 것으로 추정된다.

따라서 매몰로 인한 침출수로 지하수 오염 등 2차 피해가 우려되고 있다. 특히 살처분 가금류의 대부분이 매몰된 김제 지역은 상수도와 하수도 보급률이 각각 70%와 35%여서 침출수 발생 시 만경·동진강과 새만금 담수호의 오염도 심각히 우려된다.

이러한 측면에서 캐나다·미국 등 선진국에서 GIS와 IT를 이용한 선진국의 국가방역시스템을 우리 정부는 눈여겨볼 필요가 있다. 이들 국가는 AI 등 전염병 발생 시 우리의 질병관리본부 격인 위기관리센터를 중심으로 정부 부처와 지자체, 양계협회, 언론사 등이 비상 네트워크를 가동하고 매뉴얼에 의한 공동 대응을 적극 진행한다. 최근에는 대만이나 태국 등도 GIS 기반의 AI 방역시스템 구축이 활발해지고 있다.

우리나라는 이미 국가정보화사업을 통해 농촌의 가금류와 가축 정보의 수집·갱신 체계를 정립해 놓고 있다. 일단 AI 의심 사례가 신고되면 역학조사 → 발병지역 감시 → 실험실 검사 → 판명 → 일정 반경 살처분 → 확산 방지 등의 과정을 거치면서 발병 농가와 감염 위험이 높은 농가를 선별, 지도상에 표시할 수 있다. 나아가 농가의 세부 정보, 즉 위치·사육 규모·과거 질병 이력·지번과 행정구역, 도로망과 접근로 등 상세 정보를 지도 형태로 인터넷을 통해 관련 기관이 공유해 질병의 조기 차단에 결정적 역할도 할 수 있다.

이러한 정보 활용이 가능한 것은 정부가 이미 각 농가에 지리적 위치를 이용한 ID(Geo-code)를 부여, 농가에서 인터넷으로 직접 정부의 GIS 데이터 저장소에 등록하고 언제나 정보 갱신이 가능하도록 편의를 제공하기 때문이다. 특히 고해상도 위성 영상에 농가 위치를 표시해 지자체와 관련 기관이 보다 용이하게 질병의 공간적 확산을 파악하도록 해 놓고 있다.

또 토양과 지하수, 지형과 생물 등 다양한 지역정보를 분석해 GIS의 지도중첩 기능을 이용한 최적의 살처분 매몰 장소를 선정하므로 2차 피해도 최소화할 수 있는 이점이 있다.

따라서 GIS 기반의 방역시스템 구축은 그리 어려운 일이 아니다. 단지, 부처 간 구축된 DB 공유와 갱신을 위한 표준안 제정 및 역할 분담, 이해당사자 간 협의체 구성, 국산 위성에서 제공되는 영상정보 활용 등을 서둘러 진행하면 된다. 새로운 사업

의 추진보다는 이미 만들어진 결과물을 활용하는 공무원의 실
용주의 정신이 아쉬운 때다.

주민에게 짐 지우는 u시티사업

전자신문 | 2008년 5월 16일

국토의 균형 발전을 내걸고 참여정부에서 추진한 혁신도시사업의 수정이 불가피한 실정이다. 기대효과를 서너 배나 부풀렸고 이전 대상 공기업 중 20여 개는 통폐합과 민영화로 이전이 힘들기 때문이다. 따라서 이미 추진 중인 지자체는 주민 반발과 예산 낭비가 우려된다.

향후 더 큰 피해와 예산 낭비를 막기 위해서는 서둘러 계획을 수정하는 게 바람직하다. 차제에 대부분의 혁신도시와 기업도시, 세종도시 등 30개가 넘는 유비쿼터스(u)시티 사업도 수정돼야 한다.

u시티는 첨단 정보통신 인프라를 근간으로 언제 어디서나 원하는 정보서비스를 제공하는 명품 신도시로 꼽힌다. 하지만 혁신도시와 마찬가지로 지난 정부에서 충분한 사전 준비와 검토

없이 강행하다 보니 문제점이 많은 실정이다.

대표적인 문제점이 센서관리와 통신비, 정보센터 운영 등을 위한 유지비용이다. u시티의 주요 정보서비스는 유선 통신망(자가망)을 이용한 도로·상하수도 등 시설물관리와 실시간 교통신호 제어, 방범과 주차관리, 산불이나 수질·대기오염 모니터링 등 공공 서비스 성격이 강하다.

따라서 서비스에 따른 수익이 별로 없어 유지비용을 주민이 모두 부담해야 한다. 연간 예상운영비는 화성 동탄이나 파주 교하가 70억 원, 성남 판교가 30억 원 정도로 상당하다.

그나마 택지조성 등 토지 분양으로 u시티 건설 재원을 확보한 신도시는 형편이 나은 편이다. 건설 재원의 확보가 어려운 구도시는 건설후임대(BTL) 방식까지 동원한 재원조달로 건설 이후 장기간에 걸쳐 유지비는 물론이고 일정수익까지 지자체가 민간에 지급해야 하므로 주민 부담이 더욱 가중된다.

이 점에서 시급한 것이 법·제도의 개선이다. 현재 구축 중인 u시티의 주요 서비스가 공공 성격이 강한 만큼 정부 지원은 필수다. 하지만 지난달 공표된 '유비쿼터스도시의 건설 등에 관한 법률'은 당초 입법예고와 달리 관련 조항을 없애고 유지비용을 모두 주민에게 전가해 버렸다.

아울러 u시티 관련 특별회계조항도 없애 인천 송도국제도시는 2020년까지 총 1650억 원의 예산으로 지자체와 정부가 공동추진 중인 u시티사업이 정부 지원 근거 부재로 물거품이 될 지경이다.

결국 사업은 지난 정부가 주도해 놓고 이제 와서 운영은 모두 지자체가 떠맡은 셈이다. 따라서 현 정부는 지난 정부의 사업 추진상의 문제점을 서둘러 점검하고 국토해양부와 행안부 등 관련 부처 합의를 통한 부처 간 역할 분담을 명확히 하고, 법 개정을 추진해 더욱 체계적인 지자체 지원방안을 강구해야 한다.

정부의 노력과 함께 지자체도 바뀌어야 한다. 현재의 유선 통신망 위주의 공공부문에 집중된 서비스는 무선 통신망을 근간으로 다양한 민간 서비스 위주로 전환돼야 한다. 특히 물류나 관광 등 지자체 특성을 고려한 콘텐츠 제공으로 지역 경제는 물론이고 수익 창출도 가능한 수익모델을 정립해야 한다.

나아가 u시티의 모든 정보가 통합네크워크 기반의 도시정보 센터에서 첨단 장비와 시스템을 근간으로 구축되는 반면에 지자체의 시설물관리조직이나 업무 절차는 기존 시스템에 맞춰져 있어 현실과 동떨어진 u시티가 운영될 위험도 크다.

따라서 u시티 운영에 따른 업무 혁신과 비용절감을 위한 조직과 업무의 변화도 수반돼야 한다. 아울러 u시티에서 얻는 정보를 분석·가공해 업무별 예측 가능한 시나리오에 따른 의사결정을 지원하는 솔루션을 개발하는 일도 필수다.

정부와 지자체의 노력이 선행돼야 지역경제도 살리고 주민부담도 최소화하며 신도시와 구도시까지 아우르는 u시티 건설 효과를 누릴 수 있다. 국토의 균형발전을 위해서도 필수다.

위치정보법 개정 서두르자

조선일보 | 2008년 3월 28일

혜진·예슬 초등생 살해사건을 보면서 과연 우리가 사회 안전망 확보를 위하여 최선을 다했는지 새삼 자괴감이 든다. 이 사건 이후 이동통신사에서 제공하는 휴대폰을 이용한 위치정보 추적서비스 이용이 부쩍 늘었다고 한다. 개인의 위치정보는 긴급 사태 시 응급구조는 물론 공익과 사회 안전망에 필수 인프라이다. 반면, 개인의 위치정보는 타인에게 유출될 경우 사생활 침해는 물론 생명과 신체에 위협이 큰 만큼, 칼날의 양면인 셈이다. 정부는 이러한 위치정보의 공익적 사용을 위해 2005년 7월, 위치정보법(위치정보의 보호 및 이용 등에 관한 법)을 공표했다. 이 법은 위치정보에 대한 보호규정을 명시하여 사생활 보호와 긴급 구조에 활용, 나아가 사업자를 위한 제반 사항을 규정하여 관련 산업 발전의 토대를 마련했다.

그럼에도 이 법은 개인의 사생활 보호를 지나치게 강조하여 위치정보에 대한 접근을 매우 제한하고 있다. 따라서 본인과 직계가족, 그리고 긴급구조기관인 소방방재청과 해양경찰만 위치정보에 접근할 수 있고, 경찰은 접근권이 없다. 따라서 경찰은 휴대폰을 통해 범죄자의 위치를 확인할 수 없고, 살인이나 유괴 등의 사건에 위치정보를 활용할 수도 없으며, 필요시엔 소방방재청과 협조해야 위치정보를 얻을 수 있다. 그러나 전남 지역의 경우 약 절반의 지역에 소방서가 없어 긴급 상황 시 위치정보의 획득이 즉각적으로 되지 않는 등 문제가 심각하다. 이번 초등생 살해사건도 경찰의 수사 부실도 문제지만, 위치정보의 접근 불가도 원활한 수사진행에 걸림돌로 작용했다는 의견도 많다.

이러한 문제점 때문에 이미 2006년 8월, 위치정보법 개정안이 국회에 상정되었다. 경찰의 위치정보 접근 허용과 함께 휴대폰 제조자에게 긴급상황에 대비해 단말기 외부에 긴급버튼 등의 부착을 의무화하고, 정부는 단말기 제조자에게 필요시 정확한 위치정보의 확보를 위한 소요 비용을 지원한다는 것이 골자다. 폭넓고 정확한 위치정보의 제공으로 특히 범죄 예방과 유괴 방지, 독거노인 관리 등 사회 안전망 확충에 크게 기여할 것으로 기대됐다.

그러나 아쉽게도 개정안이 아직도 국회 계류 중이다. 개인정보 노출이 크고 경찰에 대한 불신 탓에, 반대하는 여론이 만만

치 않기 때문이다. 설상가상으로 최근 정부조직 개편으로 정보
통신부가 없어지고, 사실상 17대 국회 회기가 끝나 법령들은
자동으로 일괄 폐지 돼 바뀐 소관 부처가 다시 법안 수정 후 상
정하려면 향후 3~6개월은 족히 걸릴 전망이다. 위치정보 서비
스 확대를 통해 제2, 제3의 혜진·예슬과 같은 비극이 재현되지
않도록, 법령 개정과 사회 안전망 확충에 힘을 모아야 할 때다.

토지조사 특별법 제정 시급하다

조선일보 | 2007년 7월 31일

토지에 대한 인간의 소유욕은 어느 나라나 같겠지만 인구 대비 가용 국토 면적이 작은 우리나라나 대만, 일본 등은 특히 유별나다. 현재 우리나라에는 개인이나 기관이 소유한 토지, 즉 필지가 약 3800만 개로 필지당 평균 면적이 800여 평에 불과하다. 하나 이는 전체 국토를 고려한 것이고 실제 아파트나 주택에 속한 것만 1300만 필지로 도시 지역에 대단히 많은 작은 면적의 필지가 집중돼 있다. 따라서 필지 간 경계설정과 토지소유권을 관리하기 위한 지적도의 정확한 제작은 국민의 재산권 보호에 필수이다.

그런데 우리는 아직도 1910년 일본이 우리 국민 수탈을 목적으로 실시한 토지재조사사업에서 만든 종이지적도를 사용하고 있어 문제점이 심각하다. 마모도 심하고 정확도가 매우 낮아 실제 필지의 면적이 지적도와 일치하지 않고 인접 필지 간 경계가 불분명하여 소유자 간 분쟁이 끊이지 않는다. 잦은 민원은 물론 관련 소송비용만 연간 1조 원에 달한다. 정부의 방관으로 국민의 소송비용만 가중되는 게 현실이다. 또 종이지적도는 도시의 지하상가나 지상 빌딩, 철로 부지 등 3차원 입체지적도가 필요한 지역에는 사용할 수 없어 지적 행정의 문제로 떠오르고 있다. 특히 종이지적도는 지형도와 일치하지 않아 정부에서 막대한 예산을 들여 추진 중인 전자정부사업이나 행정정보화사업, 토지관리정보체계사업 등 다양한 사업이 국민 편의 증진에 제대로 활용되지 못하고 있다. 그야말로 '지적(地籍) 후진국'으로서, 일본이나 대만이 이미 GIS(지리정보시스템) 기술을 이용해 구축한 수치지적도를 우리는 시작도 못 하고 있다.

행자부와 지적공사에서는 이러한 문제점을 해결하고자 95년부터 수치지적도 작성을 위한 토지조사 특별법을 국회에 상정 중이나 5조 원에 달하는 소요 예산 때문에 감사원이나 기획예산처 등 부처 간 이견으로 추진이 못 되고 있다. 사실 전국의 필지를 재측량하여 기존 지적도 면적보다 작게 나오는 경우 부족분을 소유자에게 보상하는 만큼 엄청난 재원이 소요된다. 하나 시범사업 결과에 의하면 토지를 재측량하는 경우 기존 지적도 면적보다 큰 필지도 많을 것으로 예상된다. 이 경우 남는 토지는 지자체에 귀속되는 만큼 여기서 얻는 수익으로 사업추진이 가능하리라 본다. 아울러 현재 SOC사업에 적용되는 BTL사업

방식을 도입하여 민간자본을 유치하는 의식 전환도 필요하다. 즉, 막대한 예산의 공동 조달로 정부의 재정 부담을 줄이고 사업에서 얻어지는 잉여토지의 개발로 생기는 수익을 정부와 민간이 공유할 수 있으며, 지역 경제 활성화에도 크게 기여한다.

　대통령도 임기 말에 구애받지 않고 소신 있는 정책 추진을 천명한 만큼 국민의 재산권 보호와 대외 자주성의 제고, 불필요한 소송에서 국민이 자유롭도록 과감한 지적 사업 추진이 절실하다.

너무 성급한 u시티사업

전자신문 | 2007년 6월 15일

u시티란 도시의 지상과 지하 공간에 전자센서를 설치, 실시간으로 현장 상황을 인식하고 통신망을 이용하여 통합도시정보센터에서 정보를 모아 언제 어디서나 주민에게 서비스하는 미래정보 도시다. 따라서 센서와 통신기술, 다양한 콘텐츠 제공을 위한 통합 데이터베이스 구축이 핵심 요소이며 막대한 건설비용도 수반된다.

최근 u헬스·u재난·u교통·u교육 등 'u'가 유행하면서 현 정부 들어 지역 발전의 양극화를 해소하고자 지정한 행정도시와 혁신도시·기업도시 등 37개 지역에서 u시티를 앞다퉈 추진 중이다. 이러다 보니 매우 우려되는 상황이 나타나고 있다.

우선 많은 지역에서 주택공사·토지공사·대기업 등 다양한 추진 주체에 의해 동시다발적으로 시행되는 것은 국가 예산의 중복 투자와 시행착오의 위험성이 크다. 특히 사업 추진 근거인 법이 부재한 가운데 정부 부처 간 역할 분담이 되지 않은 채 업무 중복은 물론이고 예산의 중복 투자 위험성과 함께 향후 지속적인 예산 확보도 의문시된다.

또 기존 정보화사업과는 달리 건설공사가 수반되는 만큼 완공 이후 쉽사리 바꿀 수 없다는 점에서 서비스나 통신 인프라의 표준화가 매우 중요하나 이 역시 부재한 실정이다. 나아가 향후 유지보수 비용이나 통신방식 등이 결정되지 못해 건설 이후 주민 부담도 매우 우려된다.

특히 심각한 것은 u시티 특성상 신도시에 구축되는 만큼 구도시와 연계 발전방안이 수립되지 못해 하나의 도시 내에서도 정보 양극화가 나타날 수 있다. 향후 정보화 사회에서 이러한 정보 양극화로 인한 국민 불만은 현 정부에서 우려하는 소득이나 교육, 부동산의 양극화 못지않게 심각할 수 있다.

이렇게 산적한 난제의 해결을 위해 첫째, 중앙정부가 서둘러 제 역할을 해야 한다. 즉, 국가 차원의 사업 로드맵이 설정돼 사업 추진 방향과 재원확보, 정부와 지자체의 역할 분담 등이 필요하다.

이를 위해서는 현재 건교부와 정통부·행자부에서 제각기 추진 중인 u시티 건설지원법, u시티 기본법, u지역 정보화 관련법 등을 하나로 통합해 부처별 역할을 명시해야 한다. 그래야 지자체에서도 이를 근간으로 사업 관리 주체와 책임을 명시한 조례 제정이 가능해 사업의 영속성과 주민 수혜를 극대화할 수 있다. 아울러 구축 방법론인 USP(Ubiquitous Strategic Planning)를 개발, 사업의 장기 로드맵과 합리적 투자 계획이 도출될 수 있어야 한다.

둘째, 현재와 같이 동시다발적인 선언적 추진으로 위험 요소를 키우기보다는 정부 차원에서 소수 지역을 선정하여 시범사업의 추진을 통한 성공사례 확보가 관건이다. 현재 세계적으로 전례가 드문 만큼 우리의 여건에서 어떠한 서비스를 주민에게 제공해 수익의 창출과 유지보수가 용이한 핵심 서비스, 즉 킬러 애플리케이션의 확보가 시급하다.

이를 기반으로 민간재원 확보, 유지보수 방안, 도시통합정보센터의 표준화, 임대 혹은 전용망 사용의 통신방식과 그에 따른 통신비용 추정 등 제반 사항을 포함하는 비즈니스 모델의 정립이 가능하다. 나아가 이러한 시범사업에서 구도시와 신도시 간 단계적인 u시티 연계방안도 제시될 수 있다.

마지막으로 기구축된 핵심도시 인프라인 지리정보시스템(GIS)과 지능형교통체계(ITS)와 연계를 위한 표준화도 수립하여 정보서비스의 융합을 통한 주민편의 극대화는 물론 선진도시 인프라 관리체계를 구현해야 한다.

개별 부처나 지자체 입장만을 고려하고 향후 대선을 겨냥해 선심성으로 성급하게 추진하기보다는 국가적 로드맵과 표준화를 근간으로 2010년에 60조 원으로 추정되는 u시티사업의 성공적 추진과 함께 FTA 시대에 기술 수출을 위한 인프라를 다지는 데 주력해야 할 시기이다.

좌표 후진국 탈피 시급하다

조선일보 | 2007년 4월 10일

이제 위성항법장치(GPS, Global Positioning System)는 일상생활은 물론 국제 분쟁에 이르기까지 다양하게 사용되고 있다. 얼마 전 이란이 영해 침범을 이유로 영국 해군을 억류했을 때에도 영국은 GPS좌표를 근거로 제시하며 영해 침범을 부인했다. 수신기만 있으면 어디서나 편리하게 얻을 수 있는 GPS좌표는 전 세계를 하나의 좌표계로 연결한 세계측지계라는 좌표를 사용한다. 따라서 세계측지계를 사용하는 나라에선 GPS좌표와 자국의 좌표계가 동일하여 GPS좌표를 별도 처리 없이 바로 사용할 수 있어 매우 편리하다. 이러한 이유에서 미국, 일본 등 선진국은 물론 필리핀과 베트남을 포함한 세계 60여 개 나라가 자국의 좌표계를 세계측지계로 전환하였다.

반면 우리는 아직도 세계측지계로 전환하지 못하고 1910년에 일본 도쿄를 기준으로 만들어진 도쿄좌표계를 사용하고 있다. 따라서 우리는 매번 GPS좌표를 도쿄좌표계로 전환하는 추가 작업을 거쳐야 한다. 특히 국방이나 해양은 이미 세계측지계를 도입한 반면, 육지에선 도입이 안 되어 한 나라에 두 개의 좌표계가 존재한다. 세계좌표계로 전환이 늦어져 국민 불편의 가중과 추가 작업의 비용, 그로 인한 산업 경쟁력 저하 등을 감안하면 시급히 개선해야 할 사안이다. 국제적으로도 지구촌 협력 및 영토 분쟁이나 재해 재난의 공동 대처 등을 위하여 UN에서 추진하는 GSDI(범지구공간정보인프라) 등 국가 간 지도정보의 공유 차원에서도 우리 경제력에 걸맞지 않은 좌표 후진국에서의 탈피가 시급하다. 특히 현 정부는 유난히 자주를 외치면서도 일본좌표계에 의존하는 것은 치욕이다. 일본과 영토 시비가 잦은 우리도 서둘러 세계측지계를 채택하여 일본과 좌표의 격을 맞춰야 한다. 이러한 시급성을 고려하여 건교부 국토지리정보원은 올해부터 세계측지계를 도입하기로 했으나 얼마 전 3년간 유예됐다.

좌표계 변환에는 지자체를 포함한 정부와 유관 기관의 모든 지도를 세계측지계로 전환하는 엄청난 업무 처리와 1300여억 원의 예산이 소요된다. 따라서 한 기관의 노력으로는 불가하며 국조실에 건교부와 행자부, 예산처 등 범부처적 전담 조직을 가동하여 예산 확보와 역할 분담, 기술인력 양성 등이 정리되어야 한다. 또한 아날로그 측량시대에 만들어진 측량법 등 관련 제도도 GPS시대에 보다 적합하도록 개정되어야 한다. 나아가 지형도와 일치하지 않는 지적도도 세계측지계 도입을 서둘러 지형도와 지적도 모두 동일 좌표계로 함께 사용할 수 있어야 한다.

이러한 노력을 통하여 지난 15년간 추진한 국가지리정보시스템사업에서 이룩한 지리정보시스템(GIS, Geographical Information System)으로 선진국의 위상을 높이고, 한미 FTA로 인한 미국기업의 국내 GIS시장 진출에 대비하고 나아가 미국시장 진출을 서둘러야 할 것이다.

영상지도 규제 풀어야

전자신문 | 2006년 7월 26일

우리나라가 명실상부한 정보강국으로 부상하기까지 기여해 온 많은 분야 가운데 위치정보를 다루는 공간정보 산업이 있다. 지리정보시스템(GIS), 위치기반정보시스템(LBS), 차량항법장치(CNS) 등 다양한 모습으로 우리 주변에 와 있는 공간정보 산업은 위성항법기술을 이용한 다양한 위치정보 서비스와 연관돼 있다.

지난 94년부터 추진된 국가지리정보시스템(NGIS)구축사업의 결실로 우리는 다양한 지도정보를 확보하게 됐다. 그리고 1990년대 후반 4000억 원에 불과했던 시장 규모는 지도정보와 IT 융합으로 급속히 확산돼 현재 3조 원, 4년 후인 2010년에는 10조 원으로 예측되면서 급속히 커질 전망이다. 특히 이달 28일 발사되는 아리랑2호가 가동되면 과거 냉전시대 첩보위성 수준인 1m 크기의 물체까지 구별하는 지도 제공도 가능해져 국내 공간정보 시장은 더욱 빠르게 성장할 전망이다.

그러나 공간정보 시장의 성장에서 커다란 걸림돌은 바로 정부의 보안규정이다. 이는 어느 나라에나 있는 매우 중요한 것이지만 현실성 없는 규정은 오히려 제반 산업육성에 장애가 된다.

현재 우리나라에서 6.6m보다 정밀도가 높은 영상지도, 즉 1m나 2m 크기의 물체를 보여 주는 영상지도는 보안문제로 민간에서 사용할 수 없다. 이를 사용하려면 보안담당기관을 방문해 보안대상 시설물을 삭제하고 유사한 시설물을 삽입하는 위장처리를 해야 하며, 이러한 제반 절차에 3개월 정도가 걸린다. 따라서 신속한 데이터 유통과 높은 정밀도를 필수로 하는 민간기업이 고정밀 위성영상을 이용한 사업을 하기가 매우 어려운 실정이다. 더욱이 영상 위장처리는 상업적 가치를 떨어뜨린다. 현실이 이렇다 보니 대학교육을 위한 고정밀 영상지도의 사용도 매우 어렵고 따라서 차세대 공간정보 산업을 지고 나갈 인재 양성은 요원하다.

외국의 사례를 보더라도 극소수 사회주의 국가 외에는 이러한 고정밀 영상 사용을 제한하지 않는다. 미국은 50㎝보다 높은 정밀도의 영상만을 제한하며 일본에는 아무런 제한이 없다. 심지어 구글어스닷컴(http://earth.google.com)과 같은 해외 웹사이트에서는 누구에게나 청와대와 같은 핵심 국가보안 시설물을 1m의 고정밀 영상지도로 제공하고 있다. 그만큼 고정밀 영상지도가 일상화돼 있어 규제근거인 '국가 안보'라는 설득력을 희석시키고 있다.

따라서 현재의 보안규정은 시급히 개정돼야 한다. 우선 영상지도에서 6.6m라는 정보공개 제한이 없어져야 한다. 굳이 안보 등을 이유로 존속시켜야 한다면 미국과 같이 차세대 상용위성이 제공할 50㎝보다 높은 정밀도를 규제대상으로 해야 한다. 나아가 기존의 보안대상 시설물도 대폭 줄여야 하며 보안처리 절차 역시 부분 자동화로 최대한 줄여야 한다. 나아가 실세계 좌표정보도 제공해 좌표 확보를 위한 사용자 노력을 줄여 주고 상업적 가치도 높여야 한다.

또 위성영상통합관리센터는 웹 기반의 유통망을 구축해 10여 개 정부기관은 물론이고 공공기관·대학·연구소 등 비영리 기관에도 영상을 제공해야 한다. 세금으로 구입한 값비싼 영상을 소수 국가기관만이 보유하는 것은 예산 낭비이자 기존 국가 보안규정에 의거한 경직된 정책의 대표적 사례다. 나아가 동북아 지역을 포함한 위성영상을 공동으로 획득하고 활용하기 위해 국가 간 협조체계를 구축해야 한다.

이를 통한 고정밀 영상지도 활용 촉진이 이뤄질 때에 비로소 △신기술 개발 △수요 창출을 통한 시장 확산 △차세대 공간정보산업을 위한 인재 양성 교육에 활용 △u코리아에 대비한 국토정보 인프라 구축 등과 함께 지속적인 공간정보 산업 발전이 가능하리라 본다.

끝으로 규제개혁위원회까지 설치한 정부의 노력이 선거용이나 홍보용이 아닌 참된 국가 산업발전과 기술경쟁력 우위를 위한 실천적 규제개혁으로 이어졌으면 한다.

부동산 행정절차 개선 필요하다

조선일보 | 2006년 2월 21일

현 정부는 최우선 과제의 하나로 부동산 시장 안정을 위해 총력을 기울이고 있다. 이러한 시장 안정도 중요하나 그에 못지않게 개선되어야 할 부분이 부동산 매매에 수반되는 소유권 이전 등기와 양도세 납부 절차에 따른 국민 편의 제공이다.

우리나라는 연 평균 240만 건이 넘는 부동산 소유권 이전 중 190만 건이 매매에 의한 소유권 이전으로 하루 평균 7400여 건에 달한다. 이러한 소유권 이전은 대단히 까다로운 절차와 서류를 수반한다. 매수인이 등기 신청을 위하여 매매계약서와 주민등록 등 최대 19종 남짓에 달하는 서류를 작성하거나 발급받아 구청의 지적과·건축과·세무과·은행·등기소·세무서 등 6군데가 넘는 부서와 기관을 방문하여 며칠이 걸려 등기를 마치게 된다. 이나마 대개 처음 접하는 업무인 만큼 반복되는 서류 발급도 더러 있다.

현실이 이렇다 보니 법무사를 필요로 하는 은행융자를 이용한 매매가 아닌 경우에도 대부분 법무사에게 의뢰하는 실정이다. 양도세의 경우에는 등기업무보다 더욱 세무사에 대한 의존도가 높은 실정이다. 그만큼 양도세 계산이 어렵고 구청 세무 관련 공무원도 쉽게 답변을 못 하는 경우가 많기 때문이다.

이러한 불편함은 기존 국가정보화사업을 통해 구축된 부동산 관련 정보시스템과 행정정보시스템 등의 연계활용을 통해 많은 부분 개선될 수 있다. 우선적으로 구청 등에 부동산 매매 관련 '원-스톱-서비스(one-stop-service)' 창구를 만들어 필요한 절차와 서류 등을 자세히 알려 주고, 한 번 방문 신청으로 관련 부서 정보시스템을 연결하여 모든 서류를 편리하고 신속하게 제공받을 수 있어야 한다. 아울러 양도세의 신고도 당사자들이 세무서에 가지 않고 또 세무사들의 도움 없이도 구청에서 쉽게 도움을 받고 사전에 세액을 추정해 줄 수 있는 안내시스템이 갖춰져야 한다. 현재 국세청에서 노력하여 양도세 관련 전산시스템 등을 보급하였으나 사용상의 어려움으로 실제 활용은 드문 실정이다. 지자체 담당공무원에 대한 충실한 교육을 통해 시급히 보완되어야 할 사항이다. 더불어 보다 사용이 간편한 프로그램 보급에도 힘써야 한다.

국민 의식의 변화도 필요하다. 예를 들어, 등기권리증은 대법원 등기정보시스템에 등재된 소유주가 법적 효력을 갖는 만큼 큰 의미가 없으므로 과감히 생략하여 등기소 방문 횟수도 줄이고 업무 간소화도 이룩해야 한다. 이러한 업무혁신을 통해 기존 등기소들의 통합운영이 가능하고 그에 따른 예산 절감과 함께 '작은 정부'의 구현에도 기여하리라 본다.

정확한 지리정보 구축하자

조선일보 | 2005년 9월 6일

평화봉사단과 같은 큰 규모는 아니지만 2001년 미국에서는 민간전문가들에 의해 GIS(지리정보시스템)봉사단이 결성됐다. GIS는 지도나 위성영상, 항공사진, GPS 등을 이용하여 얻어진 지리정보를 활용하는 기술로서 다양한 시나리오를 분석하여 최적의 의사결정을 지원한다.

  GIS봉사단이 만들어진 계기는 뉴욕의 9.11 테러였으며 테러 발생 초기 인근 허름한 빌딩의 지하실에서 시청의 GIS 장비를 가져다 민간전문가들이 자원봉사를 시작했다. 사고 지역 주변의 지형 등을 분석하여 소방대원들의 인명구조와 물자, 장비 등의 제공을 위한 경로 등 제반 정보를 경찰에 제공하고, 사고 전후의 위성영상 등을 분석하여 추후 테러에 대비한 과학적 자료를 남기기도 하였다. 당시 인명구조에 경찰과 공무원이 전원 투입 된 만큼 자원봉사에 의한 지리정보의 분석은 신속한 사고의 수습과 대책 마련에 많은 공헌을 했다.

금번 뉴올리언스의 대재앙에도 GIS 봉사단이 인근 미시시피 주 잭슨에서 자원봉사를 시작하고 인터넷을 통해 전 세계 GIS 전문가에게 자원봉사에 참여해 줄 것을 호소하고 있다. 참으로 안타까운 실정이다.

물이 빠지는 데만 몇 달이 소요될지 모르며, 사방에 시신과 오물이 널려 있고 공무원은 물론 경찰조차 본부로 복귀조차 못하는 상황에서 정부에서 지리정보의 분석을 위한 인적자원의 할당은 불가능하다. 따라서 민간봉사자들에 의한 사고 지역의 인명대피, 보급물자 수송, 재해 지역 확산에 따른 신속 대응 등을 위한 제반 지리정보의 분석은 기여도가 매우 높다.

미국에서 이러한 민간전문가의 자원봉사가 가능한 것은 손쉽게 지리정보를 확보할 수 있고 상시 갱신을 통해 지리정보가 현실세계를 정확히 반영하기 때문이다. 그만큼 정부에서 평소에 지리정보의 유지 갱신에 많은 예산을 투입하고 있는 것이다. 우리나라도 건교부에서 94년부터 국가GIS사업을 통하여 국토 전반의 지리정보와 도시 기반시설물 관련 지리정보를 제작해 활용 중이다. 정보의 접근성은 우리도 많이 좋아진 반면, 지자체와 중앙정부의 예산 확보가 어려워 지리정보의 수시 갱신이 되지 않아 정확성이 결여되어 활용도가 많이 떨어지는 실정이다. 특히 국가적 차원에서는 위치정보를 바탕으로 최신의 지리정보가 지상시설물과 7대 지하시설물, 즉 상하수도, 전기, 통신, 가스, 지역난방, 송유관 등을 대상으로 구축되어야 한다. 그래야 평상시 효율적인 시설물관리는 물론 국가 비상사태 시 손쉽게 지리정보를 분석하여 상황의 변화에 따른 의사결정과 대안제시가 가능하다.

아울러 지리정보는 위치정보를 필수로 하는 만큼 정보강국의 기치를 내세우며 추진되는 U-Korea 구축에 필수불가결한 사항이다. 따라서 건교부와 정통부가 GIS 관련 사업을 협력하여 추진함으로써 예산을 공유하고, 현재 산자부에서 관리하는 주요 국가 지하시설물의 경우에도 부처 간 협력을 통한 정보의 효율적 수시 갱신을 위한 노력이 시급하다.

영토 문제에 대한 대외정책 취약

조선일보 | 2005년 3월 19일

독도 문제에 일본의 자세는 참으로 어이가 없는 일이다. 하지만 평상시 우리가 독도 문제에 대하여 지속적이고 체계적으로 대처해 왔는지 다시 한번 생각해 볼 필요가 있다.

지난 94년 UN과 국제지구지도위원회는 공동으로 아·태 지역 지도의 공동 제작과 보급을 통하여 지역의 경제 사회적, 환경적 이익을 추구한다는 취지로 아·태 지역 지리정보 상임위원회를 설립하였다. 이 위원회에는 영토의 경계나 지명 등 국제적으로 민감한 사항이 거론되는 만큼 지역의 55개 회원국이 참여하고 있으며, 한국은 상임이사국인 동시에 주요 분과의 부의장을 맡고 있다.

필자는 민간전문가로 수차례 이 위원회 회의에 참석했고, 2003년 오키나와에서 열린 총회에서는 한국 대표로 국내 지리정보 추진현황 등을 발표하였다.

그런데 발표 직전 UN 사무국장이 나의 발표를 제지하면서 한 가지 수정을 매우 강력히 요청하였다. 나의 발표자료에 한국의 영토로 들어 있는 독도를 빼 달라는 것이다. 그 이유는 일본의 항의가 있을 수 있다는 점이었다. 한마디로 어이가 없었다. 나는 강하게 이의를 제기하였고 격한 논쟁 뒤에 발표는 하였다. 하지만 실상 일본보다는 UN에서 더 강하게 일본의 입장을 지지한다는 것이 나에게는 충격이었다.

사실 우리는 영토 문제에 대해 그다지 체계적이고 조직적인 대응을 해 오지 못하였다고 생각한다. 일본의 경우, 위와 같은 영토 관련 국제위원회에는 지도 제작을 책임지는 국토지리원의 원상을 비롯한 실무부서의 많은 과장들, 외무성의 간부 등 10명이 넘는 대표단이 참석을 하여 각국의 동태를 파악하고 향후 대비 방안을 모색한다. 중국도 10여 명이 넘는 관련 공무원이 참석하여 동향을 파악한다. 러시아는 제반 의견 제시에 만반을 기하기 위하여 통역만 2명이 참석하기도 한다.

더욱이 주목되는 것은 영토적으로 민감한 관계에 있는 이들 나라들은 오랜 기간 동일한 인물들이 회의에 참석하는 만큼 전문성과 대처능력이 상대적으로 뛰어나다는 점이다. 우리나라는 지도 제작을 주관하는 국토지리정보원에서 소수의 인원만 참석하고 그나마 참석 인원도 자주 바뀌는 실정이다. OECD 국가치고는, 또 우리가 평소 국내에서 인식하는 영토의 중요성에 비하면 정부차원의 대외적인 대처가 미흡하기 짝이 없다.

이러한 대외 대처 능력의 향상을 위하여 우선적으로 관련 예산의 지원이 보다 충분히 지원되어야 할 것이고 지도 제작기관의 전문성을 갖춘 인재양성이 필수적이다. 정치권에서도 독도 문제에 대한 여러 가지 시나리오를 고려할 수 있겠지만 무엇보다도 강력한 정부정책을 기반으로 하는 지속적이고 체계적인 대처를 위한 지원방안을 강구하여야 한다.

VI 재난방재

대구 지하철 사고 참사 현장
대구시 중구 남일동의 중앙로역 구내에서 50대 중반 남성이 저지른 방화로 인해 총 12량의
지하철 객차가 불에 타고 192명의 승객이 사망한 대형 참사로, 2003년 2월 18일 오전 9시
53분에 발생했다.

재난은 일반적으로 크게 자연적 재난과 사회적 재난으로 분류된다. 자연적 재난은 홍수와 산사태, 폭설, 지진, 화산 등 자연적으로 발생하는 것을 의미하고, 사회적 재난은 부주의나 고의, 테러, 기술상의 문제, 국가기반체계의 미비 등 사회적 환경변화로 인한 것을 의미한다. 과거 우리나라에서는 자연적 재난에 의한 피해가 컸지만, 사회가 고도로 발전하고 복잡해짐에 따라 점차적으로 사회적 재난에 의한 피해가 커지고 있다.

재난을 막는 최선의 방안은 물론 '유비무환(有備無患)'이다. 준비가 잘되어 있으면 우환을 당하지 않는 것이다. 이에 따라 국가에서도 비싼 세금을 들여 다양한 재난방지책을 마련하고자 애를 쓰고 있다. 한데 아무리 재난방지책이 잘되어 있어도 재난 발생 시 그것을 제대로 활용하지 않으면 무용지물이다. 즉, 아무리 하드웨어나 소프트웨어가 잘되어 있어도 그것들을 적시적소에서 제대로 활용하는 '휴먼웨어'가 원칙대로 작동하지 않으면 의미가 없다. 갈수록 피해가 커지는 사회적 재난의 관점에서 보면 더더욱 그렇다.

'휴먼웨어'가 제대로 작동하지 않아 막대한 피해를 입은 사회적 재난 사례로는 단연 2014년 4월 16일에 발생한 세월호 사고다. 어린 학생들을 포함해 299명이 사망하고 5명이 실종되었다. 2007년에 12,500여 톤의 원유가 8천여 헥타르의 양식장과 어장을 덮쳐 원상 복구에 10년이 넘게 걸린 태안 기름유출사고도 그랬다. 이보다 12년 전인 1995년 여수 앞바다에서 5,000톤의 원유가 바다로 유출되어 3,800헥타르 양식장에 피해가 발생하고 73km에 걸친 해안선이 오염된 사례가 있었다. 그러나 태안 사고의 피해를 최소화하는 신속한 조치는 찾기 힘들었다. 과거 사례에서 배우지를 못 했으니 소 잃고 외양간도 못 고친 것이다. 여기에 2003년 192명의 사망자를 낸 대구 지하철 화재참사, 1995년 101명의 사망자를 낸 대구 지하철 가스폭발사고, 1995년 508명의 사망자를 낸 삼풍백화점 붕괴 등 사례는 많다.

보다 더 무서운 사회적 재난은 전염병이다. 지난 2015년 발생하여 38명이 사망한 중동호흡기증후군(메르스)이 2018년에도 유행하였으나 다행히 큰 피해는 없었다. 이번 코로나는 불행히도 3년째가 된 지금도 수그러들기는커녕 오히려 사망자가 7000명을 넘었다. 사망률도 세계 평균보다 훨씬 높아 우리를 불안에 떨게 하고 있다. 정부와 국민이 최선을 다하고 있지만 불확실한 미래인 것만은 확실하다.

추후 코로나 백서가 나오면 원인과 대처, 향후 대응 및 교훈 등이 되새겨지리라 본다. 다만, 과거 재난 백서의 사례에서 보면 공공기관 등에서 있는 그대로 사실을 공개하지 않고 은폐하는 경우가 종종 있었다. 자신의 치부를 덮고 처벌을 면하고자 하는 의도이다. 이러한 행위가 반복되면서 사회적 재난이 거듭되고 나아가 '휴먼웨어'가 제대로 작동되지 못하는 국가적 병폐로 남는 것이 안타깝다.

- " '국가안전처' 신설", 매일경제 | 2014년 5월 15일
- "중앙집중식 常設 컨트롤타워 세워야", 조선일보 | 2014년 5월 7일
- "방재위성 띄우자", 세계일보 | 2012년 1월 5일
- "한국 vs 일본 재난대응체계", 매일경제 | 2011년 3월 18일
- "구제역 대응 GIS 활용했더라면…", 세계일보 | 2011년 2월 24일
- "재해 예측 '프로파일러'를 키우자", 조선일보 | 2010년 8월 20일
- "미국 기름유출사고에서 배울 것", 조선일보 | 2010년 6월 2일
- " '防災마을'로 맞춤형 재난 대응을", 조선일보 | 2010년 3월 11일
- "집 앞 눈 안 치울 때 과태료", 세계일보 | 2010년 1월 13일
- "이번엔 외양간 제대로 고치자", 조선일보 | 2008년 2월 14일
- " '씨프린스호' 12년… 다시 보는 '무대책' ", 조선일보 | 2007년 12월 13일
- " 'Safe-Korea', 구호에 그쳐선 안 된다", 조선일보 | 2007년 10월 11일
- " '재난심리치료사' 도입 필요하다", 조선일보 | 2006년 8월 15일
- "국가적 황사 대응체계 구축 시급", 조선일보 | 2006년 4월 19일
- "재해위험地圖 서둘러 만들어야", 조선일보 | 2004년 12월 31일

'국가안전처' 신설

매일경제 | 2014년 5월 15일

세월호 참사 이후 정부 재난 대비 시스템 개혁을 위해 '국가안전처(가칭)'가 해결책으로 떠오르고 있다. 국무총리 산하에 국가안전처를 새로 설치해 명령 체계가 다른 여러 부처와 기관들을 일사불란하게 지휘하겠다는 의도다. 박근혜 대통령의 명시적 의지에 따른 것이다. 국가안전처 설치를 찬성하는 쪽은 격상된 재난 컨트롤타워가 필요하다며 환영하고 있다. 하지만 반대하는 쪽은 국가재난처 신설이 단순히 옥상옥의 조직개편을 통한 임시방편이라고 반발한다.

- ■ 찬성
  · 실질적 재난관리 통합하려면 강력한 국가 컨트롤타워 절실

세월호 참사는 강력한 국가 재난관리 컨트롤타워의 중요성을 새삼 일깨워 주었다. 선진국 사례에서 재난관리 컨트롤타워는 크게 두 가지 유형을 갖는다. 미국 같은 주지사 중심의 강력한 지휘 명령 체계를 갖는 '지방분산식'과 일본처럼 총리가 모든 권한을 갖는 '중앙집중식'이 그것이다. 우리는 상대적으로 작은 영토에 높은 인구 밀집도와 지자체의 열악한 재정과 인력, 전문성 등을 고려하면 중앙집중식이 바람직하다.

실제 현 정부 들어 4대 사회악 근절과 효율적 재난 대응을 위해 안전행정부가 출범하고 관련법도 개정하였다. 반면 강력한 중앙집중식 재난 컨트롤타워 역할은 미흡해 실질적인 재난관리 통합이 힘들다. 사회적 재난과 자연 재난이 안행부와 소방방재청으로 소관이 나뉘고, 기존 법에 따라 중앙재난안전대책본부(중대본)와 주무부처 중앙사고수습본부의 이중적 지휘구조로 인한 지휘 명령 체계의 중복과 권한 한계가 발생한다. 여기에 현장 지휘관과 중대본의 일원화된 보고체계도 힘들고 피해 집계 등에서 혼선이 발생한다.

따라서 보다 강력한 위상과 역할을 갖는 컨트롤타워를 만들어야 한다. 핵심 기능은 상설화된 중대본을 운영해야 한다. 평상시 선제적 재난관리에 힘쓰고 유사시 신속한 현장 접근을 위한 초동대응팀과 원인 조사를 위한 전문기관을 운영해야 한다. 물론 초동대응팀은 유무인 헬기와 위성정보, 첨단장비와 함께 전문구조요원을 갖춘 지역 구조센터를 포함해야 한다. 아울러 컨트롤타워는 평상시 재난대응 훈련과 교육을 감독하고 재난 안전 평가를 위한 산하기관도 갖춰야 한다. 현재 3000개가 넘는 매뉴얼과 대응지침도 평상시 교육과 훈련을 통해 현실에 맞게 단순화해야 한다. 여기에 언론사 간 경쟁적 보도나 SNS 등을 통한 국민 혼란을 방지하기 위한 재난보도 준칙 등도 규정하고 국가 차원의 재난 정보 포털 등도 운영해야 한다.

나아가 예방 위주 선진 재난관리를 위해 재난 예산의 대폭 지원은 물론 부처 간 중복 예산의 방지도 필수다. 컨트롤타워에 예산조정권도 부여해야 하는 이유다. 이러한 위상과 권한 없는 컨트롤타워는 '옥상옥'에 그치고 정권이 바뀌면 사라질 것이다. 컨트롤타워에 권한이 집중된다는 문제는 있겠지만 무엇보다 국민의 생명과 안전이 우선해야 한다.

중앙집중식 常設 컨트롤타워 세워야

조선일보 | 2014년 5월 7일

박근혜 대통령의 국가안전처 신설 방침에 대해 논란이 일고 있다. 결론적으로 강력한 국가 재난관리 컨트롤타워가 꼭 필요하며, 세월호 참사는 그 중요성을 또다시 상기시켰다. 선진국 국가 재난관리 컨트롤타워는 크게 두 유형으로 나뉜다. 미국과 같은 주지사 중심의 강력한 지휘 명령 체계를 갖는 지방분산식과 일본처럼 총리가 모든 권한을 갖는 중앙집중식이 그것이다. 우리는 상대적으로 작은 영토에 높은 인구 밀집도, 지자체의 열악한 재정·인력·전문성 등을 고려해 중앙집중식이 바람직하다.

현 정부는 4대 사회악 근절과 효율적 재난 대응을 위해 안전행정부를 출범시켰고 재난 및 안전관리 기본법도 일부 개정했다. 하지만 강력한 중앙집중식 재난 컨트롤타워 역할은 미흡해 실질적 재난관리를 통합하지 못한 실정이다.

현재 사회적 재난과 인적 재난은 모두 안행부, 태풍·홍수 등 자연 재난은 소방방재청이 맡고 있다. 현재 법 체계에 따라 중앙재난안전대책본부(중대본)와 관련 주무 부처인 중앙사고수습본부의 이중적 지휘 구조로 지휘 명령 체계의 중복 및 권한의 한계도 발생한다. 현장 지휘관(통제관)과 중대본의 일원화된 보고도 어렵고 피해 집계 등에 혼선이 발생한다. 중대본 상황실에 다양한 유형의 재난 구조 관련 현업 전문가의 기술 지원이 없어 전문성 강화도 시급하다.

또 중대본을 중심으로 재난 안전 초동 정보 수집 및 원인 규명 조사팀을 운영해 반복되는 대형 재난 사고를 차단하는 원인 분석과 함께 이후 정책 피드백을 이루는 노력이 필요하다. 여기에 대규모 이용 시설에 대한 재난 안전 평가단을 운영해 재난 안전 역량을 높여야 한다. 사회적 재난 대비 교육 훈련을 전담하는 기관을 신설해야 하고, 재난 안전 교육과 매뉴얼 확보도 더 현실적이어야 한다.

대형 재난 때 언론사 간 취재 경쟁으로 국민 혼란을 초래하거나 SNS 등을 통해 유언비어가 유포돼 재난관리의 실효성을 저하시켰던 경험에 비춰 재난 보도 준칙 등을 규정할 필요가 있다.

국가 재난 안전 역량을 높이는 제반 노력은 강력한 컨트롤타워를 중심으로 해 나가야 하는데 그 핵심이 중대본이다. 이를 상설 조직으로 평상시 선제적 재난관리를 위해 운영해야 한다. 중대본이 속한 부처에 재난 관련 권한이 집중된다는 문제는 있 겠지만 무엇보다 국민 피해를 최소화한다는 점을 우선해야 한다.

방재위성 띄우자

세계일보 | 2012년 1월 5일

교육과학부 발표에 따르면 올해 한국은 과거 어느 해보다 많은 4개의 인공위성을 쏘아 올린다. 현재 5개의 위성이 임무 중인 것을 고려하면 더욱 다양한 위성사진이 제공될 전망이다. 아울러 위성사진의 분석기술이 발달하면서 활용도 넓어지고 있다. 특히 홍수, 폭풍, 쓰나미 등 자연재해의 피해를 줄이기 위한 방재 분야 활용이 주목을 받고 있다.

위성은 주기적으로 동일지점에 대한 사진을 제공하므로 자연재해 발생 전후의 위성사진을 분석하면 현장 방문 없이 피해액 산정이 가능하다. 즉 물, 흙, 나무, 건물 등 피해 지역에 존재하는 물체에 따라 위성사진에 나타나는 밝깃값의 차이를 이용해 피해 지역의 유형, 경계, 면적, 피해 정도의 추정이 가능하다. 물론 재해로 인한 침수, 산사태, 건물·교량 붕괴 등 피해 유형의 구별은 난해하다.

　최근에는 패턴인식기술이 발달해 85% 정도의 분석정확도를 갖게 됐다. 전문가가 육안으로 검증하는 과정을 추가하면 정확도는 95%대로 향상된다. 여기에 피해지역을 대상으로 국가 GIS(지리정보시스템)사업에서 구축된 지형도, 시설물도, 지적도 등 제반 지도를 중첩한다. 그러면 피해 지역의 지목, 토지 가격, 시설물 현황 등을 파악할 수 있어 더욱 정확한 피해액 산정이 가능하다. 이를 근거로 복구 비용과 국가 보상액 등도 쉽게 산정할 수 있어 신속한 복구 예산 확보가 가능하다. 여기에 산사태와 침수발생 빈도를 보여 주는 제반 재해지도 등을 추가하면 향후 재해피해를 최소화하기 위한 중점관리 지역도 확인이 가능하다.

　이러한 피해산정기술은 지자체 공무원이 피해 현장을 방문하는 수작업 조사에 비해 시간 단축, 정확성 제고, 업무 효율성 증진 등 이점이 크다. 재해가 발생하면 도로 단절로 접근이 어렵고, 많은 지역에서 동시다발적 피해 발생으로 신속한 조사가 안 돼 2차 피해 발생의 위험도 크다. 실제 2002년 태풍 루사 때 1만 곳이 넘는 피해 지역이 동시에 발생했다. 따라서 위성사진을 이용한 피해액의 자동 산정은 기후변화 시대에 대형화되는 재난 피해를 줄이는 데 필수이다. 실제 국내의 연평균 자연재해 피해가 1990년대 8000억 원 정도에서 2000년대 들어 2조 원대로 급격히 늘고 있다. 여기에 지난해 태국에서 50년 만의 최악

홍수로 사망자 800여 명, 이재민 200만 명, 피해액 52조 원의 피해는 우리에게 경각심을 일깨운다.

관건은 재해 발생 이후 신속하게 공간해상도가 높은 위성사진을 얻는 것이다. 그래야 재해 발생 전후의 사진을 비교해 정확한 피해 추정이 가능하다. 국산 아리랑 2호 위성은 1호보다 회전주기가 28일에서 4일로, 공간해상도는 6.6m에서 1m로 성능이 향상됐다. 하지만 4일이 지나야 동일 지점의 사진을 얻는다는 점에서 만족스럽지 못하다. 공간해상력이 높은 외국 위성을 활용할 수 있으나 이 역시 회전주기가 다양하고 가격이 비싸며 구입 등 절차에 시간이 걸려 의미가 없다. 항공사진은 공간해상력이 높고 임의 시간대 촬영이 가능하지만 재해 발생 시 열악한 기상으로 비행기를 띄울 수 없고 무인항공기 역시 조종이 불가하다.

따라서 차제에 방재위성을 띄우는 발상의 전환이 필요하다. 회전위성이 아닌 정지위성으로 운영하면 실시간으로 한반도의 폭풍, 홍수, 산불 등 대규모 재해 발생 전후의 정밀 모니터링이 가능해 재해예방에 최적이다. 또한 외국에 의존하는 기상자료의 상당 부분을 자체 확보 할 수 있어 대외 의존도를 낮추고 외화 지출도 줄일 수 있다. 나아가 국가 기술경쟁력을 높이고 상존하는 북한 수공(水攻)에 대응하는 최적의 방안이다. 3500억 원 정도의 위성개발과 발사를 위한 비용을 고려하면 밑질 것 없는 투자다.

한국 vs 일본 재난대응체계

매일경제 | 2011년 3월 18일

대지진과 지진해일(쓰나미)에 이은 원자력발전소 폭발은 일본 역사상 최악의 재앙으로 기록될 것 같다. 이번 참사는 일본과 같은 방재강국도 초대형 재난 앞에는 무기력하다는 것을 보여준 것으로 우리도 재난대응체계를 서둘러 보완해야 한다. 이런 점에서 선진 재난대응체계를 갖춘 일본과 우리를 비교하면서 우리의 부족한 점에 대한 효율적 개선이 필요하다.

첫째, 무엇보다 열악한 국가의 방재 예산을 늘려야 한다. 일본의 방재 예산이 국가 예산의 4~5%를 차지하는 반면, 우리는 1.5%에 불과하다. 지난 100년간 한반도의 평균기온이 지구 평균 대비 2배나 올랐고 향후 온난화가 심화돼 태풍의 에너지원인 수증기량이 대단히 증가할 것이다. 따라서 태풍 강도도 더욱 거세어져 전문가들이 우려하는 슈퍼태풍이 발생할 가능성도 커진다.

실제 2002~2003년에 420명의 사망자와 16조 원에 달하는 복구 비용을 초래한 슈퍼태풍 루사와 매미도 전혀 예측을 못한 상태에서 대단한 국가적 재앙을 초래했다. 따라서 인명피해가 큰 산사태나 절개지 붕괴위험 지역과 위험대상 소규모 공공시설물 등을 서둘러 보강해야 한다. 나아가 시설물의 내진설계 강화, 지자체가 관리하는 1만 4000여 저수지 중 60년 이상 된 8000여 저수지의 노후 시설물 관리대책, 국가관리시설보다 3배나 복구 비용이 많은 지방관리시설의 지원, 소방인력을 포함한 제반 방재인프라스트럭처 확충 등 과제가 산적하다.

둘째, 방재 분야 투자의 효율성을 높여야 한다. 미국 연방재난관리청에 따르면 재난예방에 1달러를 투자할 경우 약 4~7달러의 재난예방 효과가 있다. 즉 사후 복구보다는 사전 예방 위주의 투자를 늘리는 것이 피해를 줄이고 예산도 절감할 수 있다. 실제 일본은 전체 방재 예산의 76%를 재난예방에 투입하고, 피해복구에는 24%만을 투입한다. 반면 우리는 방재 예산의 55%를 재난예방에, 45%를 피해복구에 사용한다.

일본도 1980년까지는 피해복구에 상대적으로 많은 예산을 지출했으나 30년 전부터 예방 위주의 투자 전환으로 상당한 피해의 사전 예방이 가능했다. 실제 2003년 태풍 매미가 한국에 상륙했을 때 태풍강도가 초속 41m로 140명이 죽고 6조 7000억 원의 복구비가 소요되었다. 반면 매미가 초속 54m의 훨씬 강한 태풍 강도로 일본에 상륙했으나 피해는 사망 1명, 중상 1명, 피해액은 530억 원에 불과했다. 따라서 우리도 복구 중심에서 예방 중심의 정책 패러다임 전환으로 국가의 재난관리 역량을 높여야 한다. 사실 이번 참사에 일본인들이 보여 준 질서의식과 침착함은 그들 특유의 질서의식도 작용했겠지만 어려서부터 철저히 받아 온 방재교육의 영향이 크다. 이러한 방재교육이나 재난방송을 외국어로도 할 만큼 준비가 철저한 것 모두 예방 중심 정책의 산물이다.

셋째, 태풍이나 쓰나미, 방사성 물질 누출 등에 대비한 재난 조기경보체계의 구축과 신기술 도입을 위한 방재기술의 개발에도 주력해야 한다. 우리의 방재기술 수준은 일본 같은 방재 선진국 대비 66% 정도로 9.1년이나 뒤처졌다. 그럼에도 우리의 방재기술 개발 예산은 국가기술 개발 예산의 0.15%에 불과하다. 국가 전체 예산의 1.5%에 불과한 방재 예산도 문제지만 기술 개발 예산은 턱없이 부족하다.

마지막으로 국민의 재난인식 교육도 시급하다. 일본은 침수 위험지역을 보여 주는 홍수위험지도를 각 가정에 배포해 평소 국민들의 재난인식을 고쳐시킨다. 반면 우리는 부동산 가격 하락 등을 이유로 애써 만든 지도를 공개조차 못 하니 평소 국민의 재난인식 교육이 제대로 될 리 없다. 기후변화 시대에 자연재난으로부터 보다 안전한 삶을 영위하기 위해 방재 선두주자로부터 배우고 실천하는 노력이 절실하다.

구제역 대응 GIS 활용했더라면…

세계일보 | 2011년 2월 24일

작년 11월 안동을 시작으로 확산된 구제역으로 지금까지 340만 마리의 가축을 살처분했고 피해액만 2조 원이 넘는다. 더 큰 문제는 전국 4500곳이 넘는 가축 매몰지에서 나오는 침출수 등으로 인한 후유증이다. 경기도만 해도 매몰지가 2313곳으로 이 중 149개가 하천 주변 30m 이내에 위치해 하천의 오염 위험이 매우 크다. 실제 팔당호 수질보호를 위한 특별관리구역에만 137곳으로 파악돼 2500만 수도권 주민의 식수오염도 상당히 우려된다.

이러한 문제점은 무엇보다 매립지의 위치가 과학적으로 선정되지 못한 데서 기인한다. 즉 매몰지로서 적합한 위치 선정을 위해 하천과 도로의 분포, 지형의 경사와 주요 지형지물에 관한 정보가 우선적으로 고려돼야 한다. 여기에 지하수위와 지하수의 흐름, 지역별 식수의 지하수 의존도, 나아가 국가와 지자체 소유의 토지 분포 현황과 야생동물의 접근성 등 다양한 조건을 고려해야 한다. 그래야 매몰 시 발생하는 침출수의 하천 유입이나 지하수 오염을 최소화할 수 있다. 더불어 국가나 지자체 소유의 유휴 토지를 이용해 지자체별로 대규모 매몰지를 조성한다면 비용도 절감하고 문제점도 줄일 수 있다.

이러한 과학적 매몰지의 선정은 1995년부터 정부에서 추진한 국가 지리정보시스템(GIS)의 결과물을 활용하면 상당히 효율적이다. 우리나라는 전 국토에 걸쳐 정밀한 지형도는 물론 지하수나 토양 등에 관한 주요 주제도도 갖추고 있다. 컴퓨터를 이용해 매몰지 위치 선정에 필요한 제반 조건을 나타내는 다양한 컴퓨터 지도를 합쳐서 분석하면 행정구역별로 최적의 매몰지 선정이 가능하다. 현재 도시와 농촌 지역은 각각 1000분의 1과 5000분의 1의 지형도가 만들어져 위치 오차가 0.7~3.5m로 정확도가 대단히 높다. 반면 국가의 방역 차원에서 범부처적 GIS 활용은 활성화되지 못한 실정이다.

차제에 선진국에서 GIS와 정보통신기술(ICT)을 이용한 국가 방역시스템을 구축해 활용하는 것도 배워야 한다. 선진국은 정부에서 각 농가에 위치좌표를 중심으로 ID(Geo-code)를 부여해 농가에서 인터넷으로 직접 정부의 GIS 데이터저장소에 등록하고, 언제나 정보갱신이 가능하도록 편의를 제공하고 있다. 나아가 고해상도 위성영상에 농가위치를 표시해 유사시 지자체와 관련 기관이 보다 용이하게 질병의 공간적 확산을 파악하도록 했다. 따라서 일단 구제역 같은 국가적 비상사태가 발생하면 위기관리센터를 중심으로 정부부처와 지자체, 유관기관, 언론사 등이 비상 네트워크를 가동해 매뉴얼대로 공동 대응 한다. 나아가 위치와 사육 규모, 과거 질병이력, 지번과 행정구역, 도로망과 접근로 등 구제역 발생 농가와 관련된 상세 정보를 지도 형태로 인터넷을 활용, 관련 기관이 공유해 질병의 조기 차단에 결정적 역할을 한다. 최근에는 대만이나 태국 등 아시아 국가도 GIS 기반의 방역시스템 구축이 활발해져 세계에서 국가방역관리 차원의 역할이 한층 높아지는 추세다.

이런 점에서 상대적으로 GIS 구축이 빠르면서도 이를 제대로 활용하지 못하는 우리는 반성의 여지가 많다. 특히 이미 국가의 정보화사업을 통해 농촌의 가금류와 가축정보의 수집·갱신체계도 시범적으로 정립했다. 따라서 GIS 기반의 선진방역시스템의 구축은 어려운 일이 아니다. 부처 간 구축된 데이터의 공유를 위한 표준안 마련과 역할 분담, 이해당사자 간 협의체 구성, 국산 위성에서 제공되는 영상정보 활용 등을 서두르면 된다.

우리는 이미 2000년 이후 네 차례나 구제역을 경험하면서 5800억 원의 피해를 보았다. 반면 아직도 구제역의 발생 초기에 과학적이고 신속한 대처가 미흡해 국가적으로 대단한 손실을 야기하고 있다. 이는 소만 잃고 외양간을 못 고치는 과거의 구태를 반복하는 것으로 개선이 시급하다.

재해 예측 '프로파일러'를 키우자

조선일보 | 2010년 8월 20일

우리가 광복 65주년의 뜻과 정신을 기린 지난 8월 15일, 중국 서북부 간쑤성에서는 홍수와 산사태 희생자 1250여 명과 실종자 500여 명의 추모 행사가 열렸다. 중국 정부는 이날 하루 전국에 음주가무를 금지했다. 올 들어 중국에서는 자연재해로 2300여 명이 숨지고 1200여 명이 실종됐다. 파키스탄에선 홍수로 72만 채가 넘는 가옥이 파괴되고 350만 명이 넘는 어린이들이 수인성 전염병에 감염될 지경인데도 속수무책이라 추가 인명피해가 우려된다. 한편 러시아에선 130년 만의 기록적 폭염, 가뭄과 더불어 모스크바 인근에서 산불로 50여 명이 죽는 등 대혼란을 겪었다.

그야말로 기후변화 시대에 자연재해는 예측불허다. 홍수·황사는 기상예측으로 어느 정도 사전 감지가 가능하지만 지진·산사태·산불 등은 여전히 예측이 어렵다. 특히 중국의 경우 산사태와 함께 흘러내린 진흙더미(mudslide)가 주거지를 덮쳐 피해를 키웠다.

이제는 방재도 기상정보에 대부분 의존하는 구태에서 벗어나 지역별 재해징후 모니터링, 과거 피해이력, 기상정보를 포함한 제반 환경 요인, 피해 최소화 방안 등을 포함하는 광범위한 재해 데이터베이스를 바탕으로 다양한 인자의 상관성을 분석하는 프로파일링을 통한 재해 예측과 초기대처로 피해를 줄여야 한다. 이를 위해 방재 분야도 '프로파일러'를 육성해야 한다.

프로파일러는 범죄심리 분석요원으로 일반적인 수사기법으로는 한계가 있는 연쇄살인사건이나 불특정 다수 대상 범죄, 동기가 불분명한 범행 등 비상식적 범죄사건 해결에 투입된다. 광범위한 범죄데이터베이스를 기초로 최신 과학수사기법을 활용하여 범죄를 해결한다. 선진 사례에서 보듯이 다양한 자료와 고도의 상관성 분석기법을 동원하면 산불과 지진, 산사태까지도 어느 정도 예측과 대응이 가능하다.

이러한 방재 프로파일링 도입을 위한 첫째 요건은 과학방재의 구현이다. 유비쿼터스 시대에 효율적 센서 설치를 통한 광범위한 자료 수집과 재해DB 구축, 시뮬레이션과 의사결정 등 제반 기술을 확보해야 한다. 특히 소방방재청에서 추진 중인 재난전조정보 수집관리를 통한 위험예측 등은 더욱 강조돼야 한다. 둘째는 기존 방재 연구인력을 프로파일러로 육성하기 위한 인프라 확충과 교육이다.

끝으로 방재 예산의 증가도 필수이다. 재해로 인한 국가적 피해를 고려한다면 프로파일러 육성을 통한 피해 삭감은 비용경제적이다. 나아가 이렇게 다져진 방재강국의 노하우를 수출한다면 우리 방재산업의 발전도 꾀할 수 있다. 이것이 녹색성장 시대에 재해를 줄이고 지속가능 성장을 이루는 최선의 길이다.

미국 기름유출사고에서 배울 것

조선일보 | 2010년 6월 2일

지난 4월 20일 BP(영국석유)의 시추 시설이 폭발해 하루 1만
5000배럴의 기름이 멕시코만에 흘러들고 있다. 현재까지 유출
된 기름이 1989년 알래스카의 엑손발데스호 사고보다 3배나
많은 미국 최악의 기름유출이다. 5월 31일 자 A16면 보도에 따
르면 기름유출을 막으려던 소위 '톱 킬(top kill)' 방식이 실패하
고 근본 처방은 8월까지 걸린다니 큰 우려를 낳고 있다.

사고 초기부터 오바마 대통령은 원인 제공자인 BP가 기름유
출 방지는 물론 향후 방제에 소요되는 모든 경비를 부담하라고
못 박았다. BP 역시 일부 억울한 면은 있지만 방제는 물론 주
민 피해에 대한 보상을 확약했다. 현재 동원된 인력 3만 5000
여 명과 1600척의 선박만 해도 비용은 대단할 것이다. 실제 미
국은 '엑손 사고' 이후 사고 낸 회사가 전적으로 방제를 책임지

VI 재난방재   273

는 법을 제정했다. 엑손은 사고 이후 모두 3조 5250억 원을 부담했다. 이는 당시 세계 최대 정유회사인 엑손의 한 해 총이익을 능가하는 금액이었다.

이 점에서 2007년 태안 기름유출사고는 우리에게 너무 큰 아픔이다. 그나마 방제가 가능했던 것은 연인원 112만 명의 자원봉사자를 포함한 총 213만 명의 인원 동원이 가능했기 때문이다.

당시 방제에 참여한 상당수 태안 주민은 아직도 인건비는 물론 양식과 재산피해 보상도 못 받고 있다. 국제유류오염보상기금(IOPC)에서 보상할 3216억 원 중 21%만 보상 심사 중이고 실제로 보상된 것은 2년 반 동안 고작 7% 정도이다. 까다로운 국제기구의 보상 절차도 안타깝지만, 그보다는 원인 제공자인 기업이 법을 내세워 주민의 안타까운 현실을 외면하는 게 더 문제다.

더욱이 당시 기상악화에도 무리한 항해로 사고가 난 만큼 기업의 책임은 더더욱 크다. 하지만 작년 국내 법원은 판결을 통해 기업 책임을 56억 원으로 한정, 오히려 기업으로선 명분을 얻은 셈이다. 이러다 보니 피해주민의 고통만 가중된다. 지금까지 자살한 주민만 4명이나 된다. 미국의 재난 대처에서 배울 것이 많지만 무엇보다 사고를 낸 기업이 주민 피해를 보상하는 자세부터 배워야 한다. 지금이라도 주민 고통을 덜어 주기 위한 지원이 절실하다.

'防災마을'로 맞춤형 재난 대응을

조선일보 | 2010년 3월 11일

기후변화 시대에 지구촌이 몸살을 앓고 있다. 아이티 지진 참
상이 채 가시기 전에 이번엔 칠레에서 규모 8.8의 지진으로 200
만 명이 피해를 보았다. 피해액만 18조~36조 원에 달한다. 우
리도 지난 1월 기상 관측 이래 최대 폭설을 경험한 만큼 향후
기후변화로 인한 피해 우려가 크다. 실제 전 세계 기후변화로
인한 자연재해는 지난 20년간 200회에서 400회로 갑절로 늘었
고, 연평균 1억 6500만 명이 피해를 보고 있다.

대규모 자연재해는 국가 차원의 대응 능력이 중요하나 그에
못잖게 지역 차원의 대응도 중요하다. 지역에 흔히 나타나는 재
해의 특성을 고려한 초기 대응이 피해 감소에 더욱 효과적이기
때문이다. 1990년대 들어 재해에 강한 도시와 마을을 만들기
위한 노력이 세계 각국으로 번지고 있다. 바로 '방재마을(방재

도시)' 구축사업이다. 일본에서는 1980년대부터 시작해 1995년 고베 대지진을 계기로 방재마을 중심의 지역 방재가 핵심 정책으로 자리 잡았다. 이미 세계적으로도 국가 차원의 방재 대응이 제 역할을 못한다는 교훈에서 지역 방재로 정책을 전환 중이다.

우리도 유사한 재해가 유사한 지역에서 반복적으로 발생하고 있다. 최적 대안은 재해 유발인자와 지역을 연계하는 방재마을 구축으로 지역 맞춤형 방재 역량을 갖춰 효과는 높이고 피해는 줄이는 정책 전환이 시급하다. 이를 위해 정부 각 부처나 지자체 등 산발적으로 추진됐던 전국 600여 개의 재해위험지구 내 배수펌프장이나 하천예방사업, 산사태방지사업, 사방댐 및 재해 예·경보시스템 구축 등이 패키지로 지구단위 방재 개념에 의해 종합적으로 추진되어야 한다.

지난 1월 폭설도 정부 차원의 지침은 있으나 지역별 맞춤형 제설방법이나 매뉴얼이 없어 곤욕을 치렀다. 지역 주민의 제설 작업 참여도 힘들었고 지자체 교통대책도 부재했다. 아예 출장 중인 지자체장들도 있었다.

정부도 작년부터 방재마을 3곳을 시범 운영 중이나 여건 형성이 안 돼 진척이 더딘 실정이다. 방재마을의 조기 정착을 위해선 첫째, 기존 자연재해대책법에 방재마을 관련 사항을 추가하고 지자체도 조례를 만들어 예산을 확보해야 한다. 둘째, 기존 사업 예산과 함께 주민의 방재의식 고취 등을 위한 예산도 확보해야 한다. 셋째, 지역 방재 리더를 육성하고 이들을 중심으로 지역 방재 거버넌스 체제를 구축해야 한다. 끝으로 환경친화적 녹색 성장과 더불어 안전도 지키는 '녹색 안전'이란 개념을 국민 각자의 방재의식 속에 뿌리내려야 할 것이다.

집 앞 눈 안 치울 때 과태료

세계일보 | 2010년 1월 13일

사상 최악의 폭설로 수많은 시민이 불편을 겪고 있는 가운데 정부가 자기 집과 점포 앞의 눈을 안 치우는 자에게 최대 100만 원의 과태료를 부과하겠다고 해 논란이 일고 있다. 이를 두고 반대 측은 "치우지 않는다고 법으로 압박하는 것은 전형적인 탁상행정"이라는 입장인 반면, 찬성 측은 "이미 다른 나라에서 시행하고 있는 것으로 우리 사회의 기본질서의식을 만들기 위해 필요하다"고 주장하고 있다. 이에 찬반 양측의 주장을 들어 본다.

■ 찬성
· 우리 사회의 기본질서 의식 만들기 위해 필요

앞으론 집 앞 눈을 안 치우면 최대 100만 원까지 과태료를 내야 한다고 한다. 소방방재청이 자연재해 대책법을 바꾸어 내놓은 개정안이다. 물론 시민들 반발이 크다. 지난 4일 눈폭탄으로 집에도 못 가고 외박한 사람이 있을 만큼 교통지옥을 치렀던 시민들에게 내놓은 대안이 눈 안 치우면 과태료 매기겠다고 한 것이니 반발이 클 수밖에 없다.

사실 우리나라는 외국과 달리 넓은 마당과 도로가 있는 것도 아니다. 한두 사람 다니면 족할 골목길에 수십 명이 몰려 살고 아파트와 빽빽한 다가구 주택도 흔하다. 여기에 지자체의 엉성한 제설작업도 문제다. 시민들이 눈을 치우려고 해도 외국같이 삽이나 제설 도구가 보급되지 않아 쉽지 않다.

하지만 우리 시민의식은 더욱 문제다. 한 예로 폭설이 내린 날 아파트 주차장에서 경비원들 외에 길을 내려고 눈을 치운 주민이 얼마나 될까.

사실 눈만 오면 우리는 정부 탓만 한다. 무엇보다 시급한 것은 정부에 일방적으로 책임을 돌리기보단 민관이 공동으로 재해에 대처한다는 성숙된 선진 시민의식이다. 미국도 10만~60만 원, 영국은 300만 원 등에 달하는 벌금을 부과하는 실정이다. 매년 홍수 등 자연재해로 인한 사망자 중 많은 수가 시민의 안전의식 결여와 규정을 지키지 않아 발생한다.

과태료를 불평하기보단 시민의식의 성숙이 급선무다. 물론 정부가 차제에 제설작업을 도로관리 업무로 떠넘기는 안이한 자세를 고쳐야 함은 물론이다.

이번엔 외양간 제대로 고치자

조선일보 | 2008년 2월 14일

국가의 재난 대처를 위하여 행자부 중앙재난안전대책본부 산하에는 재난종합상황실이 있고, 전국 지자체에도 182개의 재난상황실이 있다. 재난상황실이 없는 지자체는 적지 않은 예산을 들여 서둘러 재난상황실을 꾸미는 중이며, 32개의 공공기관도 재난상황실을 운영하고 있다. 재난 및 안전관리기본법에는 정부기관은 물론 주요 공공기관을 재난책임기관으로 분류, 재난상황실의 운영과 함께 재난정보를 공유할 것을 명시하고 있다.

재난상황실을 운영하는 이유는 당연히 재난 발생 시 신속한 현장 상황 파악과 인원과 장비 지원 등을 위한 기관 간 의사소통, 그리고 지휘체계의 확립 때문이다. 따라서 상황실 운영에 가장 기본적이고 핵심적인 것은 통신망을 이용한 재난현장과 상황실 간의 실시간 정보 소통이다. 이러한 정보 소통의 중요성

때문에 기존 통신망을 이용한 실시간 정보 소통이 가능함에도 소방방재청은 300억 원을 들여 유사시 무선통신망 구축도 추진하고 있다.

이번 숭례문 화재는 화재 발생 10분도 안 되어 소방차가 도착했으나, 국보 문화재의 화재 진압 방식을 놓고 시간을 끈 것이 결국 완전소실이라는 참담한 결과를 초래한 것으로 결론이 나고 있다. 문화재청 실무자와 화재 발생 1시간이 넘어 의사소통이 이뤄지고, 시간이 갈수록 재난 대응 표준매뉴얼에 입각한 대응은 찾아볼 수가 없었다. 만일 제주도의 국보 문화재에 화재가 발생하면 문화재청 실무자가 비행기를 타고 현장에 가야만 의사소통이 된다는 것인지, 도무지 이해가 안 된다. 문화재청의 위치가 어디든 평소 재난 및 안전관리 기본법에 입각하여 재난상황실을 운영하고, 통신망을 이용한 화상정보를 포함한 제반 재난정보를 실시간으로 현장과 소방방재청, 경찰청 등과 공유하기 위한 모의 훈련을 한 번이라도 했다면, 이번 화재의 결과는 판이하게 달랐을 것이다.

안이한 재난 인식으로 국민의 혈세를 들여 구축한 통신망도, 재난상황실도 모두 무용지물이 돼 버린 것이다. 평소 공직자의 재난인식이 얼마나 중요한지를 일깨우는 대목이다. 지금이라도 정부는 중앙정부와 지자체, 공공기관의 재난상황실 운영이 제대로 되는지 서둘러 점검해야 한다. 일부 조직의 상황실은 심지어 창고 등 다른 용도로 사용되고 있고, 실제 상황발생 시 제구실을 찾기 힘든 곳도 많다. 이와 함께 모의 훈련을 통하여 유사시 기관 간 실시간 통신망과 화상정보 등의 공유가 가능한지 확인해야 한다. 또한, 국가와 공공기관에 비치된 재난관련 매뉴얼도 '감사 대비용' 매뉴얼로, 기관의 업무 특성을 전혀 반영하지 않은 획일적 내용으로 차 있어 유사시엔 무용지물이다. 서둘러 업무와 관련된 재난에 적합한 예방, 대비, 대응, 복구를 위한 지침서를 만들어야 할 것이다.

'씨프린스호' 12년… 다시 보는 '무대책'

조선일보 | 2007년 12월 13일

1989년에 발생한 알래스카 연안의 엑손발데스호 기름유출은 북미 역사상 최악의 사고로, 유출된 4만 1000t 기름이 1800㎞ 해안을 오염시켰다. 3년이 소요된 기름 제거에는 하루 1만 명의 인원을 동원하는 등 2조 5000억 원이 소요되었다. 원인 제공자인 엑손은 방제 비용은 물론 사고 직후 1만 1000명의 피해 어민에게 3000억 원을 긴급 지원 하고, 이후 250억 원의 벌금 및 어민 생계지원과 환경피해 보상으로 1조 원의 배상금 등 모두 3조 5000억 원을 부담하였다.

이는 당시 세계 최대 정유회사인 엑손의 한 해 총 이익을 능가하는 금액이었다. 이후 미국 정부는 위성을 통한 유조선의 항해 모니터링과 기름 유출 시 위기대응지침의 수립, 72시간 내 5만t의 기름 제거가 가능한 장비 확보, 이중선체 유조선만 운행을 허가하는 법적규제 강화 등 1989년 대비 10배 이상 해양방제능력을 증대하였다. 그야말로 소 잃고 외양간을 단단히 고친 셈이다.

우리도 유사한 경험이 있다. 1995년 씨프린스호에서 5000t의 기름 유출로 300㎞ 해안을 오염시키고 어민 피해가 736억 원, 기름 제거에 5개월의 기간과 224억 원이 투입되었다. 한데 우리는 소만 잃고 외양간은 고치지 못했다. 사고 이후 법적 보완과 재난 대처를 위한 정부조직 개편, 예산 확보와 장비 도입 등을 실현하지 못했다. 이번 태안의 기름 유출 1만 500t은 엑손발데스호의 4분의 1에 달하는 규모지만, 우리의 무방비 상태를 고려하면 국가적 재앙임에 틀림없다. 사고 초기 정부의 안일한 판단과 대응은 정부가 평소 얼마나 재난 대처에 소홀했는가를 보여 준다. 기름제거 작업도 사전 준비 없이 이루어져 오히려 부작용이 우려된다. 인원동원도 원활치 않아 자원봉사자에 대한 의존이 커서 결국 해양경찰청의 능력 밖이다. 정부 대응이 이러니 원인을 제공한 회사도 즉각적 어민 피해보상책도 없이 방관하는 실정이다.

갈수록 대형화되는 재난에 맞서 신속한 대응과 피해복구로 국민과 국토환경을 보호하는 것은 하나의 기관이나 부처로서는 역부족이다. 따라서 NSC와 행자부, 경찰청, 해양경찰청, 소방방재청으로 분산·중복된 국가재난관리체계의 통폐합이 시급하다. 이미 선진국에서는 국토안보부와 같은 형태로 통합되는 추세이다. 아울러 현행 재난 및 안전관리 기본법 외에 시설과 산업, 교통안전, 긴급구조와 연관된 70여 개 법률의 일제 정비로 통합대응체계를 지원하고 주민 보상도 보완해야 한다. 여기에 IT와 위성기술을 토대로 주요 시설물과 선박 등의 실시간 모니터링 체계도 갖추고 방제장비도 대폭 확보해야 한다.

'Safe-Korea', 구호에 그쳐선 안 된다

조선일보 | 2007년 10월 11일

얼마 전 제주와 전남, 경남북을 강타한 태풍 '나리'로 인해 20명의 사상자와 함께 재산 피해가 2000억 원에 달한다. 예보를 통한 사전 대비는 있었으나 의외로 빠른 태풍의 진입과 1000년 빈도에 육박하는 엄청난 폭우, 여기에 무분별한 하천 상류의 개발과 하천 복개로 하천 통수 능력이 떨어져 피해를 가중시켰다. 대개의 재난이 당초 예상과 달리 실제 상황이 발생하면 여러 위험요소들이 뒤섞여 예상 외로 엄청난 피해를 줄 수 있는 만큼 무엇보다 지자체의 초기대응이 매우 중요하다.

우리의 재난 초동대처 능력은 아직도 매우 열악한 실정으로 상황 모니터링과 제반 조치를 위한 재난상황실조차 없는 지자체가 전국 234개 중 52개에 달한다. 전담 인력도 평상시 일반 업무를 다루면서 재난 발생 때만 투입되므로 전문성이 부족하고 상황 통제에 필수인 전산이나 통신 직종은 더욱 확보가 어렵다. 여기에 재난관리부서가 조직상 낮은 서열인 만큼 제반 물자의 동원 등 총괄조정이 힘든 실정이다. 또한, 재난현장 기동대응팀이 없어 내부 업무와 외부 재난현장 업무를 함께 수행하므로 재난현장 수습능력이 현저히 떨어진다. 특히 집계나 보고 위주의 상황관리시스템은 있으나 재난현장지휘나 실시간 피해 집계 등을 위한 부서나 유관기관 간 모바일 정보시스템이 없어 더욱 대응능력을 떨어뜨린다. 나아가 자원봉사를 포함한 민간 재난모니터요원과 풍수해감시원, 지역자율방재단, 통·이·반장 등 재난현장정보원의 관리 및 교육이 미흡하여 유사시 정보공유나 현장 지휘가 원활하지 못하다. 실제 연로하신 통·반장의 경우 휴대폰 문자메시지도 익숙하지 않아 정보 소통에 어려움이 많다. 재난상황 대비 표준행동매뉴얼이 없는 것도 주민 피해를 가중시키는 요인이다

이러한 문제점의 해결에는 국가의 지원과 지자체의 노력이 필수적이다. 예산 확보를 통한 재난상황실 설치와 전담인력 확보, 재난관리직렬 신설과 기술직 충원, 실질적 재난총괄 및 조정기능을 위한 단체장 직속의 재난관리부서가 신설되어야 한다. 아울러 부서 간 원활한 정보 공유와 피해집계를 위한 간편한 모바일정보시스템 및 재난표준행동매뉴얼을 국가에서 개발·보급하고, 어려운 지자체 여건을 고려하여 재난현장정보원에 대한 지속적 교육과 인센티브를 부여하여 국가재난인적네

트워크를 구축해야 한다. 또, 기존 광역소방체제에서 선진국과 같이 자치소방 역량을 강화하는 체제로의 전환도 신중히 고려되어야 한다. 여기에 최선의 재난 초동대처로 주민 피해를 최소화한다는 공무원 정신 교육을 통한 의식개혁으로, 태풍 초비상 사태 속에 금강산 관광을 다녀온 마산시와 같은 사례가 반복되지 않아야 할 것이다. 이러한 국가와 지자체의 노력 없이는 소방방재청이 주창하는 '안전-한국(Safe-Korea)'은 구호로 그칠 가능성이 높다.

'재난심리치료사' 도입 필요하다

조선일보 | 2006년 8월 15일

올해도 어김없이 홍수와 산사태가 50명의 목숨을 앗아 가고
1조 7000억 원에 달하는 재산 피해와 함께 이재민도 2200명이
발생하였다. 예전과 비교하여 많이 개선은 되었으나 아직도 정
부의 복구체계는 응급 환자의 후송, 이재민 구호, 생활필수품의
제공이나 도로나 제방 복구 등 전반적으로 물리적 복구 지원에
치우치는 실정이다. 이러한 물리적 구호와 함께 병행되어야 할
것이 피해로 입은 유가족과 이재민에 대한 정신적인 지원이다.

사실 홍수나 지진, 전쟁이나 테러와 같은 재난으로 소중한 생
명을 잃은 사람들에 대한 안타까움은 이루 말할 수 없으나 살
아남은 사람들의 물리적 피해와 함께 정신적 피해 역시 상당히
크다. 이들이 재난현장에서 입은 정신적 고통은 그들만의 힘만
으로는 극복할 수 없는 난제이다.

우리나라도 이제는 첨단장비와 정보통신기술을 이용한 과학 방재와 보험제도의 도입 등으로 선진방재의 실현에 박차를 가하고 있다. 허나 아직도 우리나라와 미국·영국 등의 선진 방재와 큰 차이점의 하나는 재해 피해자들에 대한 체계적인 심리적 치료를 제공하지 못한다는 점이다. 이러한 심리적인 치료는 외과적 치료를 위주로 하는 기존의 응급의료체계와는 차별화되어야 한다.

미국의 경우 우리의 '재난 및 안전관리 기본법'에 해당하는 '스태포드법'에 의해 국가재난으로 선포된 경우 '재난 카운셀링 및 교육프로그램(CCP)'에 의거하여 재난현장에 '재난심리치료사(Crisis Counsellor)'를 파견, 긴급과 일반으로 피해자를 구별하여 체계적인 심리치료를 함으로써 재난에 따른 정신적 피해의 후유증을 최소화하고 있다. 미국은 이를 위해 연방재난관리청(FEMA)에 재난심리치료사 전담 부서를 설치·운용하고 있다.

물론 국내의 경우 응급 외과 처치를 위하여 의무적으로 재해 현장에 파견되어야 하는 응급구조사조차 충분히 확보되지 못한 현실에서 이러한 심리적 치료는 너무 이르다고 할 수 있으나 선진 방재의 도입에 있어 필수 사항이라 판단된다. 이러한 재해심리치료를 위하여 우선적으로 모법인 '재난 및 안전관리 기본법'에 관련 법 조항을 마련하고 관련 조직과 인원, 예산을 확보하여 재난현장에 응급구조사와 재난심리치료사가 함께 파견되도록 지원해야 한다. 아울러 보다 효율적인 심리치료사의 확보를 위하여 미국과 같이 자원 봉사자들 위주로 교육을 통한 양성이 바람직하리라 사료된다.

재난심리치료사 제도의 도입으로 재난 피해자가 일생을 살아가는 데 정신적 피해를 최소화하고 주변 가족의 심적인 안정 도모와 함께 재난에 대한 심리적 부담을 완화함으로써 기존에 추진 중인 선진방재와 융합된 진정한 안전문화가 국민생활에 정착되리라 본다.

국가적 황사 대응체계 구축 시급

조선일보 | 2006년 4월 19일

황사의 발생이 잦고 정도가 심해짐에 따라 국민의 고통도 커지고 있다. 때문에 지난번처럼 예보가 충실치 못한 경우에는 관련 기관에 대한 비판이 거세다. 하지만 평소 황사에 대비한 국가적 대응체계가 제대로 구축되지 못했다는 점에서, 비판보다는 향후 더 큰 피해를 막기 위한 범국가적 대응체계의 구축이 시급하다.

이를 위해 우선적으로 기존 '재난 및 안전관리 기본법'이나 '자연재해 대책법'에서 황사 관련 조항을 보다 명확히 하고, 관련 기관의 역할 분담을 세부적으로 명시할 필요가 있다. 사실 황사의 예측은 기상청이 맡고 있으나, 국가적 자연재해의 관리 측면에서 풍수해와 마찬가지로 황사의 예방과 대비, 대응, 복구 등 제반 업무는 소방방재청 소관이다. 그러나 관련 법규의 명시가 미흡하다 보니 소방방재청에 황사 대비 인력과 예산이 지원되지 못해 태풍이나 홍수 때의 대응체계가 이루어지지 못하고 있는 실정이다. 일부 토론회에서는 황사 관련 법 제정을 시급한 현안으로 다루고는 있으나, 이는 현실적으로 바람직한 대안이 아니다. 관련 법이 존재하는 만큼, 기존 법의 보완이 보다 효율적이다. 기존 법의 보완을 기반으로 황사의 등급 설정과 그에 따른 공무원의 행동지침, 국민 행동요령, 예상 피해 등이 매뉴얼의 형태로 제작되어야 한다. 이러한 황사매뉴얼의 보급은, 현재 홍수에 대비해 보급 중인 침수예상지도나 홍수피난지도 등과 같이 황사 피해를 줄이고 국민의 방재의식을 높이는 데 큰 도움을 줄 것이다.

현재 소방방재청과 과학기술부에서 공동 개발 중인 웹 기반 홍수정보시스템은 홍수가 났을 때, 강우의 예상 경로, 침수 예상 지역 등을 웹에서 보여 줄 수 있다. 따라서 국민 누구나 손쉽게 사전 침수 정보를 제공받아 홍수 시의 행동요령을 준수하여 인명과 재산피해를 최소화할 수 있다. 마찬가지로 황사 관련 정보도 웹을 통하여 국민에게 제공하여 사전대처 능력을 높이고 피해를 최소화하여야 한다.

마지막으로 첨단 재해대처를 위한 정보처리 역량의 강화가 필요하다. 기존에 운영 중인 국가안전관리정보시스템을 비롯하여 향후 다양한 재해대비 정보시스템의 통합 운영을 통해, 정보의 획득과 분석 인력의 확충과 지속적인 기술축적이 필요하다.

특히 국내 위성의 발사에 따른 위성정보의 재해분야 활용 등을
고려할 때 국내 유일의 전문기관인 국립방재연구소 등에 '재해
정보센터'와 같은 정보의 통합관리를 위한 전담기구의 설립이
시급하다.

재해위험地圖 서둘러 만들어야

조선일보 | 2004년 12월 31일

이번 동남아의 쓰나미(지진해일)로 인한 사망자가 8만 명이 넘을 것으로 예상되고, 인도네시아에서만 4만 5000명이 넘을 거라는 예측이다. CNN 뉴스를 보니 부시 미국 대통령이 백악관에서 이번 자연재해로 인한 사망자에 대한 조의를 표하고 아울러 국제사회의 재해에 대한 조기 경보망 구축을 위한 협조의 중요성을 역설하는 장면이 나왔다. 회견에서 부시 대통령에게 한 기자가 질문하기를 미국의 캘리포니아나 플로리다, 알래스카 등의 해안 부근에서 이번과 같은 쓰나미가 발생할 경우 조기경보를 충분히 발령할 수 있느냐는 질문에 입심 좋은 대통령도 전반적인 사항을 검토해 봐야 하며, 뭐라 한마디로 단정키 어렵다는 표현을 했다.

사실 미국이나 일본의 경우에는 경제력도 그렇지만 재해 대처에 있어서도 단연 선진국이다. 다양한 자연재해의 유형별로 유사시 주민 대피요령이나 행동지침, 대피경로, 과거 피해 사례 등을 보여 주는 재해위험지도가 전국적으로 홍수, 지진, 쓰나미, 산사태 등에 대하여 구축되어 있다. 나아가 화재와 같은 재난 발생 시에도 주민의 대피 경로 등을 보여 주고 화재에 대한 경각심을 일깨워 주는 화재위험지도가 제작되어 있다.

이러한 재해위험지도는 관공서는 물론 초등학교에까지 배포되어 유사시 인명 피해의 최소화에 일조를 하고 있다. 따라서 선진국의 경우 주택을 구입할 때 집값이 오를 가망보다는 주택의 위치가 재해 재난에 얼마나 안전한가를 많이 따지는 실정이다. 이번과 같은 초대형 자연재해 발생 시 인명 피해를 최소화하기 위해서는 이러한 재해 재난에 대한 위험지도를 구축하여 평소 국민의 경각심을 일깨우고 여기에 국가적인 혹은 국제적인 재해 조기 경보망을 구축하여 관민이 유기적으로 재해 재난에 대처하는 시스템이 구축되어야 한다.

국내에서도 소방방재청이 노력하여 국가안전관리시스템 등을 구축하여 가동하고 건설교통부 등이 노력하여 홍수위험지도 등을 제작하고 있으나 예산 지원이 부족한 까닭에 극히 일부지역만 제작된 실정이다. 이마저 대상 지역 주민의 부동산 가격에 대한 우려 때문에 홍수위험지도를 제대로 국민에게 보급하고 있지 못한 실정이다. 홍수위험지도가 이럴지니 지진이나 산사태, 쓰나미, 화재 등의 경우에는 아직 생각도 못 하는 수준이다.

이러한 위험지도 제작에는 몇십억 원에서 몇백억 원이 넘는 국가 예산이 소요되는 만큼 추진이 쉽지 않은 것은 사실이나 재해재난 시 발생하는 인명피해를 줄일 수 있다는 점에서 하루 속히 이루어져야 할 시급한 사업이다. 특히 쓰나미의 경우 우리나라 해안에서도 발생한 경험이 있으며 원전 등의 안전성 고려 시 대단히 중요한 사항이다.

현재 경기회복을 위한 뉴딜사업의 일환으로 추진되는 디지털 국력강화사업에서 이러한 재해위험지도를 제작함으로써 경제 활성화와 함께 국민의 생명과 재산 보호에 기여할 수 있는 윈·윈 정책이 될 수 있지 않을까 한다. 국회에서 여야가 당론을 가지고 오랫동안 논의된 법안에 대한 처리도 중요하나 이러한 재해위험지도의 제작과 나아가 동북아 국가 간의 재해공동대처를 위한 동북아 재해 조기 경보망 구축을 위한 논의가 시급한 시기이다.

VII 대학행정

인하대학교

'인하'는 인천과 하와이의 앞 글자를 따온 것으로 1954년 당시 이승만 대통령은 하와이 동
포들의 성금 15만 불, 정부 출연금 6,000만 환, 민간 기부금 2,774만 3,249환, 인천시의
토지 기부 등으로 인하공과대학을 개교하였다. 그렇게 민족대학으로 6개 학과, 180명의 신
입생으로 시작한 인하대는 폐허가 된 조국 재건에 앞장서며 조국 근대화와 역사를 함께했
다. 현재는 12개 단과대학에 68개 학부(학과)와 16,000여 명의 재학생이 수학하고 있다.

대학에 오랜 기간 근무하면서 별로 하고 싶지 않으면서도 또 한편으론 경험하고 싶은 것이 있었으니 바로 대학의 행정업무를 맡는 보직자였다. 물론 원한다고 다 하는 것은 아닌데 마침 기획처장을 해 보면 어떻겠냐는 요청에 좀 망설이다가 해 보기로 하였다.

기획처장을 하면서 가장 큰 어려움은 대학의 재정문제와 함께 교수들과 소통이었다. 정부에서 등록금 인상을 불허하여 대학 살림이 쉽지 않았다. 이보다 더 어려운 것은 소통이었다. 훌륭한 교수들을 상대하려니 여간 벅찬 것이 아니었다. 특히 교수들의 집단 이익을 대변하는 교수회와의 갈등은 풀기 힘든 과제였다.

2017년도에 AI(인공지능)학과 신설을 위한 토의 과정에서 있었던 일련의 사태는 내게는 참으로 값진 경험이었다. 나름 기획처장으로서 4차 산업 시대에 대비한 대학의 발전을 위하여 유망한 분야의 학과 신설을 추진하였다. 대학 구성원 누구나 학과 신설의 필요성을 공감하면서도 모두 자신들의 입장에서만 주장을 하고 학생들까지 반대를 하다 보니 결국 무산이 되었다. 이 과정에서 나는 억울하게도 감금죄로 검찰에 고소까지 당하였다. 결국 없었던 사실로 판명되어 무혐의로 정리되었으나 나름 실망이 컸던 것도 사실이다.

하지만 한편으론 소통을 위한 내 나름의 노력이 부족했다는 것을 겸허히 생각게 하는 계기가 되었다. 소통은 남의 의견을 잘 듣고 서로가 공감할 수 있는 대안을 가지고 설득할 수 있어야 가능하다는 것을 다시 한번 깨달았다. 당시에 내가 좀 더 학교 당국과 반대하는 교수들에게 서로가 합의할 수 있는 대안, 즉 시간을 두고 단계적으로 관련 학과를 신설하고 관련 전공을 통합하는, 그러면서 기존의 열악한 인프라를 보완하는 등의 방안을 현실적으로 제안하였다면 어땠을까 하는 아쉬움이다.

한편으론, 현실의 여건상 대학이 너무 교수 간의 경쟁을 부추기는 풍토가 되다 보니 갈수록 삭막해지는 것도 사실이다. 맹자의 인의예지(仁義禮智)는 차치하고라도 仁義만이라도 갖추는 교수사회가 되었으면 한다. 아무쪼록 대학의 구성원 모두가 대화로 모든 것을 풀어 가는 풍토가 되었으면 한다.

인하대학교는 1954년 개교 이래 명실공히 인천의 명문 사학으로 자리 잡아 왔으며 미래를 준비하는 대학으로의 발전을 위하여 부지 확보에도 많은 노력과 열정을 기울였다. 그럼에도 인천시에서 홀대를 받는다는 생각에 나름 불만을 쏟는 기고도 하였다. 아직도 학교 부지 확보나 대학 발전 측면에서 무엇보다 중요한 지자체와의 협력이 활발한 것 같지는 않아 아쉬움이 크다.

대학교수들, 특히 이공계 교수들에게 연구비 집행은 아킬레스건이다. 갈수록 연구비를 받기도 어렵지만 연구비 규정에 어긋난 사용은 치명적인 처벌로 이어질 수 있다. 외국과 대비하여 현실적으로 불합리한 점을 토로하는 기고도 해 보았으나 전반적인 국내 여건은 교수 연구비 사용에 유연성을 주지 않는 것 같다. 외국에서는 연구비의 일정 부분을 교수에게 급여 형식으로 지급하여 교수의 노력을 인정하고 있다. 반면, 우리는 아직도 교수 개인의 노력을 인정하지 않다 보니 연구비 불법 유용도 근절하기 쉽지 않은 것 같다. 좀 더 자유롭게 교수들이 연구할 수 있는 여건과 개인의 노력을 인정해 주는 풍토가 아쉽다.

- "8년째 동결된 대학 등록금 引上 고민해야", 조선일보 | 2018년 4월 16일

- "원칙 없는 IFEZ 대학 캠퍼스 분양", 조선일보 | 2007년 5월 24일

- "대학 연구비 관리, 개선돼야 한다", 조선일보 | 2005년 7월 28일

- "이 사람, 인하대 지리정보공학과 김계현 교수", 전자신문 | 2007년 5월 23일

8년째 동결된 대학 등록금 引上 고민해야

조선일보 | 2018년 4월 16일

대학의 재정 상태가 심각하다. 특히 사립대는 8년 전부터 동결된 대학 등록금을 갖고 살림을 꾸리는 게 너무 버겁다. 최저임금이 조만간 1만 원까지 오를 예정인 것도 큰 부담이다. 현재 등록금 수입으로는 대학 인건비와 학생 장학금 지급도 부족하다. 더욱이 현재 등록금의 25%를 차지하는 입학금이 앞으로 80% 삭감될 예정이어서 실제 등록금 수입은 더 줄어들게 된다. 등록금 이외 재단 전입금도 있지만 재단에서 매년 큰돈을 지원할 수 없는 노릇이다. 임대사업 같은 수익사업으로 사정이 좀 나은 대학도 있으나 이는 극소수다.

혹자는 규모가 큰 사립대는 한 해 수십억 원의 기부금이 들어오고 쌓인 적립금만 수백억~수천억 원 정도인데 이 돈 좀 쓰면 되지 않느냐고 반문한다. 전국 150개 사립대 가운데 적립금이 없거나 100억 원대 정도인 곳이 절반이고, 1000억 원 이상의 적립금을 갖고 있는 대학은 15개뿐이다. 그나마 오랜 기간 기부금과 대학 자체 수익금으로 모아진 적립금은 사립학교법에 근거해 장학이나 건축, 연구 등 기부자 뜻에 따라 사용 용도가 정해진다. 대학 본부가 임의로 경상운영비 적자를 메우는 데쓸 수 있는 돈이 아니다.

이런 현실에서 정부가 2025년 이후 인구 절벽 시대의 대학 신입생 감소에 대비해 정원 감축과 교육 내실화 등을 위한 3년 주기의 대학기본역량평가를 실시하려는 것은 바람직하다. 기존에 일부 상위권 대학에 치중되어 온 재정 지원을 없애고, 재정 지원을 받으려는 대학 간 과당 경쟁을 예방한다는 측면에서도 그렇다. 차제에 대학의 재정 압박을 덜기 위한 등록금 인상이 가능하도록 길을 열어 주었으면 한다. 물론 지금도 연평균 물가 상승률의 1.5배는 인상할 수 있으나, 인상에 따른 정부의 장학금 지원 소멸 등 학생 피해가 커지는 만큼 이러한 불이익이 없도록 해 달라는 것이다.

정부의 평가를 거쳐 선별적 인상을 허용하고 지속적인 등록금 인상을 규제하면 문제 발생을 막을 수 있다. 등록금의 이러한 자율적 인상은 추가적인 재정 적자를 해소할 수 있는 길이다. 대학의 재정 적자를 극복하기 위해 정부와 대학이 지혜를 모아야 할 때다.

원칙 없는 IFEZ 대학 캠퍼스 분양

조선일보 | 2007년 5월 24일

송도 앞바다를 메워 조성하는 인천경제자유구역(IFEZ)은 1,611만 평으로 여의도의 18배에 달한다. 첨단 정보인프라를 갖춘 U-City를 근간으로 주거단지와 국제업무단지, 첨단 바이오단지, 대학 중심의 지식정보단지 등을 조성하여 동북아 핵심 경제 허브가 되기 위한 노력을 경주하고 있다.

현재 캠퍼스 조성이 확정된 2개 대학 중 인천의 한 시립대는 13만 평을 분양받아 2008년 전체 대학 이전을 목표로 공사가 추진 중이며, 서울의 한 사립대는 학부 신입생 교육을 위한 캠퍼스 조성에 28만 평을 분양받아 공사를 앞두고 있다. 이 밖에 인천의 2개 대학과 서울의 2~3개 대학이 분양을 신청 중이다. 문제는 대학 캠퍼스 분양에 있어 원칙이 불분명하고 형평성을 고려하지 않아 많은 우려와 불만의 목소리가 있다.

첫째, 캠퍼스 조성을 위한 재원 확보 측면에서 형평성이 없다. 현재 공사 중인 시립대는 기존의 구도심에 위치한 캠퍼스 전체 부지를 인천시가 개발하여 얻는 이익금의 일부로 건설비용을 충당한다. 그런데 개발이익의 평가시점을 2003년을 기준으로 삼아 너무 과소 책정 했다는 것이다. 2008년을 기준으로 하면 이익도 늘고 그에 따라 개발비도 증액되기 때문이다. 반면, 현재 인가받은 서울의 사립대 경우 시립대보다 훨씬 넓은 28만 평을 분양받아 이 중 8만 평은 주거와 상업용지로 개발이 가능해 여기서 얻는 이익금으로 캠퍼스 조성이 가능하다. 이는 인천시민의 혈세로 조성한 신도시에 비용 한 푼 안 들이고 캠퍼스를 조성하는 것이니 상당한 특혜이다.

둘째, 연구 중심의 캠퍼스 조성을 위한 분양 원칙이 무시되고 있다. 미국의 실리콘밸리를 보더라도 경쟁력 있는 클러스터 연구단지의 개발은 지역에 위치한 경쟁력 있는 대학과 기업의 유치를 통한 첨단기술개발과 산업육성이 연계되어야 한다. 서울의 한 사립대에 교양학부 교육을 위한 캠퍼스 설립을 허가한 것은 당초 국제학술연구단지 내 대학 설립이 연구 중심 단지 조성에 있다는 원칙에 위배한다.

마지막으로 관할 관청의 신중치 못한 행정처리이다. 작년 8월에 4~5개 대학이 총 135만 평에 달하는 부지를 신청하였으나 올 4월 산업연구원의 용역 결과를 바탕으로 대학 연구단지 규모를 48만 평으로 대폭 축소하면서 각 대학별로 사업제안서를 다시 요구하고 있다. 이는 관청의 일방적인 업무 처리로 거의 횡포에 가깝다. 아울러 입주 수요를 전혀 예상하지 않고 우선 제안서부터 받고 보자는 매우 안이한 업무 처리이다.

지금이라도 정부와 지자체는 대학의 수요 조사를 통한 타당성 있는 부지의 배정, 지역 주민 공감대를 기반으로 대학과 기업의 차별적 융합을 통한 보다 효율적인 동북아 경제허브 구현에 매진해야 할 것이다.

대학 연구비 관리, 개선돼야 한다

조선일보 | 2005년 7월 28일

대학교수의 연구비 유용 문제가 사회적 문제로 대두되는 시점에서 본인 또한 교수로서, 연구과제를 수행하는 연구책임자로서 만감이 교차한다.

요즘 우수 학생의 유치를 위해 교수 나름대로 연구비를 확보하여 전액 장학금이나 지방 출신을 위한 숙소 제공, 생활비 지급 등을 하는 연구실이 많다. 문제는 국가나 공공기관 연구과제의 경우 석사 과정 대학원생에 대한 월 급여가 40만~60만 원이 상한선인 만큼, 설사 연구비가 있더라도 학생에게 필요한 지원을 충분히 해 줄 수 있는 방법이 궁색하다는 것이다. 규정상 연구 예산이 항목별로 골고루 배정되고 각 항목은 사용 기준이 정해진 만큼 학생들에게 임의지원이 쉽지 않다. 민간기업의 연구비는 융통성이 많은 편이나 상대적으로 흔치 않다. 따라서 교수들이 대학원생들에게 골고루 나눠 주기 위해 국가나 공공기관 연구비를 연구과제별이 아니라 통합 관리 할 수밖에 없고 편법이 동원되는 게 현실이다.

이러한 점을 개선하기 위해서는 우선 석박사 과정 학생들에게 지급되는 인건비 상한선을 대폭 인상해야 한다. 사실 우리나라의 경우 너무 획일적인 연구비 집행 규정을 적용하고 있다. 국공립대학과 사립대학 등록금이 배 이상 차이가 나고 지역에 따라 생활비도 차이가 나는 만큼 동일한 인건비 상한선 적용은 무리이다.

둘째, 연구비의 일정 부분을 교수 인건비로 지급하는 것이다. 이는 연구비를 수주하여 수행하는 과정에 투입되는 노고에 대한 일종의 인센티브이므로 당연하다. 물론 개인과 학문 분야에 따라 연구비의 차이가 많은 만큼 학문 간 혹은 교수 간 상대적 열등감이나 위화감을 조장할 수 있으나 경쟁사회에서 피할 수 없는 일이다.

셋째, 연구비의 집행 관련 모든 규정을 국가에서 정하는 것보다는 기본 사항만을 국가에서 정하고, 세부 규정은 대학의 지역적 특성이나 현재 시행되고 있는 대학 특성화의 성격 등에 부합하도록 자체적으로 규정해 자율 운용 하는 게 바람직하다. 실제 PC 등 일부 장비의 구입을 금하는 규정도 있어, 이러한 세부 사항은 대학 자체 판단에 의한 집행이 현실적이라고 본다.

끝으로 국가와 대학이 함께 보다 효율적인 연구비 관리 제도의 정착을 위한 노력이 절실하다. 사실 국가에서는 매년 연구 예산이 증액됨에 따라 제도 개선을 위해 상당히 고심 중이다. 실제로 감사원이나 국가기관의 연구비 감사에서도 교수와 학생들의 연구 현실을 감안해 주고 있다. 따라서 대학 내에서도 부단한 의견 수렴을 통하여 국가에 바람직한 방법론을 제시하는 노력이 필요하다.

이 사람, 인하대 지리정보공학과 김계현 교수

전자신문 | 2007년 5월 23일

"공간정보 산업이 위치기반서비스(LBS) 분야와 융합하면 올해 3조 원의 시장을 형성하고 2010년께 10조 원대에 달할 것입니다. 특히 공간정보 산업이 u시티 분야까지 확대되면 무려 50조~60조 원대의 시장을 형성할 것으로 추정됩니다."

인하대 지리정보공학과 김계현 교수(50)는 공간정보 산업이 우리나라 산업 경제에 미치는 파급 효과를 이같이 밝혔다. 공간정보 산업의 무한한 성장 가능성을 자신하고 있는 셈이다. 하지만 김계현 교수는 몇 가지 전제 조건을 달았다.

그는 "정부는 우선 지능형 국토정보사업 등 공간정보 관련 개발 사업을 꼼꼼히 살펴, 중복 투자를 배제하고 미래 기술보다는 현장 보급형 기술 개발에 매진하는 등 공간정보 개발 사업을 하루빨리 재정비해야 한다."고 지적했다.

또한 그는 공간정보 산업의 주체들이 각각 제 역할을 할 수
있도록 정부가 규제를 보다 완화해야 한다고 강조했다. 그는 대
표적인 규제 개혁 대상으로 인공위성 아리랑 4호의 공간해상도
사용을 4m급으로 제한한 점을 들었다. 비록 정부가 민간 고해
상도 위성영상 사용 제한 규제를 지난해 말 공간해상도 6m급
에서 4m급으로 완화했지만 산업계와 학계는 이에 만족하지 않
고 있다는 주장이다.

"공간해상도 사용 제한 규제를 1m급으로 대폭 낮춰야 합니
다. 산·학이 국정원 등 기관의 보안 검토를 거치지 않고 1m급
의 인공위성 영상을 자유롭게 학문 혹은 기술 개발에 적극 활
용해야 합니다. 이미 대학원생들은 외국을 통해 1m급 위성 영
상을 보고 있는 현 시점에서 국가 안보를 이유로 아리랑 4호의
영상을 제한하는 것은 큰 의미가 없기 때문입니다."

특히 그는 "미국·유럽 등 선진국들은 고해상도 위성영상을
적극 활용하고 있는 데 반해 우리나라만 족쇄를 채우는 것은
공간정보 산업이 우리 경제에 미치는 산업 파급 효과를 약화시
키는 부작용을 연출할 것"으로 우려했다.

그는 또한 학계의 문제도 꼬집었다. 공간정보 산업에 4개 학
회가 중복 활동, 정부로부터 체계적이고 집약적인 지원을 이끌
어 내지 못하고 있다는 것이다. "기존 학회들을 단계적으로 통
합해야 합니다. 공간정보 산업 학회가 정부 측에 한목소리를 냄
으로써 학문 발전의 효율성과 전문성을 제고, 우수 인재를 양성

할 필요성이 있습니다."

"개인이 아닌 한국학술진흥재단에 공식 등재 된 한국공간정
보시스템학회장으로서 공간정보 산업에 놓인 이 같은 현안들
을 '잠재우기'보다 회원들과 공동 협력, 드러내고 더 나아가 발
전 방안까지 모색할 계획입니다."

추 언

■ 고마운 사람들

모든 부모가 그렇듯 우리 부모께서도 가족을 위해서 부단히 노력하셨다. 아버지는 어려운 사업을 이끌어 나가려 항상 노심초사하셨고, 어머니는 힘든 형편에도 자식들 교육에 최선을 다하셨다. 특히 나는 제때 상급 학교 진학을 못 하고 부모 애를 많이 태웠다. 지병으로 아버지께서 세상을 떠나신 이후 어머니께서는 자식들 돌보느라 외롭게 고생이 많으셨고, 말년에는 적지 않은 기간을 병상에 누워 지내셨다. 지금도 매일 잠들기 전에 마음속으로 두 분 모두 편안히 영면하시기를 기원한다. 그것이 내게는 작은 위안이다. 작은형께도 죄송함이 크다. 내가 유학을 간 동안에는 작은형이 어머니를 모셨고 그러면서도 항상 유학 중인 나를 염려해 주셨다.

늘 곁에서 별말 없이, 성격이 까다로운 나를 이해하고 내조해 주는 아내에게 고마움이 크다. 늦은 결혼에 늦게나마 얻은 두 아들이 고맙다. 이제는 컸다고 아빠를 이해해 주는 큰 아들 재율이와 항상 즐겁게 장난하는 재원이를 보면서 행복함을 느낀다. 아무쪼록 건강하고 지혜롭게 성장하여 나라 발전에 기여하기를 바란다.

나는 2003년경에 대학 선배인 한국수자원공사의 김우구 박사로부터 받은 질책이 계기가 되어 기고를 시작했다. 늘 사회의 모순을 짚어 주신 선배께서는 교수의 사명 중 하나가 언론에 기고를 하는 것이라 조언하셨다. 즉, 전공과 관련된 사회 전반의 문제를 객관적으로 분석하고 대안을 제시하는 것인데 제대로 하는 교수가 없다고 말씀하셨다.

사실 글쓰기를 통한 세상과의 소통은 이보다 훨씬 전부터 느껴 왔다. 1983년 KAIST 연구원 시절 당시 김문현 실장께서 내가 쓴 글을 읽고 머리가 아프다며 안경을 벗고 한참 인상을 쓰신 것이 오랫동안 기억에 머물렀다. 사실 당시에 내가 읽어도 어지러울 만큼 논리가 산만했다. 그때 떠오른 생각이 '박사를 한들, 아니 최고 전문가가 된들 무엇 하랴. 자신이 뜻하는 바를 글로 제대로 표현을 못 하면 무슨 소용이 있겠나'라는 깨달음에 글을 잘 쓰기보다 논리적인 글을 쓰자고 결심했다. 내가 나름 정리된 글을 쓸 수 있도록 자극을 주시고 오랜 기간 나를 도와주신 두 분께 이 자리를 빌려 감사를 드린다.

■ 고마운 제자들

근 27년 동안 대학에 재직하면서 많은 제자를 키우지는 못했
으나 내 능력에 비해서는 제자들이 많았다. 인하대학교 GIS연
구실에서 모두 64명의 석박사를 양성하면서 함께 최선을 다했
다. 12회의 학술상과 우수논문상 수상, 대한민국 SNS 산업대상
수상, 7차례의 표창, 논문 413편(해외 논문 130편, 국내 논문 283
편), 연구보고서 121편, 지식재산권 등록 105건(국내 특허 36건,
국외 특허 11건, 프로그램 58건), 기술 이전 12건, 저서 발간 5권
등의 연구 업적을 우리 GIS연구실에서 창출한 것에 커다란 자
부심을 갖는다. GIS연구실 출신 모두에게 감사와 함께 무한한
발전을 기원한다.

■ 인하대학교의 발전을 염원하며

요즘은 평균 수명이 늘어 보통 90세까지 산다고 본다. 그러면
나는 첫 번째 인생의 삼분의 일은 교육을 받느라 보낸 셈이다.
두 번째 삼분의 일은 내 인생에서 가장 열정을 가지고 보낸 황
금기라 볼 수 있다. 그 기간의 대부분을 인하대학교에서 보냈으
니 내게는 뜻깊고 고마운 곳이다.
'인하(仁荷)'는 인천과 하와이의 앞 글자를 따온 것으로 1954

년 당시 이승만 대통령은 하와이 동포들의 성금 15만 불, 정부 출연금 6,000만 환, 민간 기부금 2,774만 3,249환, 인천시의 토지 기부 등으로 인하공과대학을 개교하였다. 그렇게 민족대학으로 6개 학과, 180명의 신입생으로 시작한 인하대는 폐허가 된 조국 재건에 앞장서며 조국 근대화와 역사를 함께했다.

인하대학이 새로운 모양을 갖추고 제대로 된 발전을 시작한 것은 1968년에 故 趙重勳 정석학원 이사장께서 인수하신 이후부터이다. 이사장께서는 '아시아의 MIT'로 키우겠다는 야심찬 목표를 가지고 인수하셨다. 이후 많은 노력으로 인하대학교는 1971년에 종합대학으로 승격되었다. 지속적 발전을 거듭한 인하대는 현재 12개 단과대학에 68개 학부(학과)와 2300명의 교직원, 16,000여 명의 재학생을 갖는 대단한 규모로 도약하였다.

학령인구 감소와 등록금 동결, 대학교육의 부실화, 대학에 지나친 규제 등 대학이 가진 어려움이 어느 때보다 크다. 여기에 2년 전부터 닥친 코로나로 인한 팬데믹 때문에 대학은 온라인 교육이라는 또 다른 난관에 봉착하고 있다. 나름 최선의 노력으로 인하대학교는 국내 7~8위 수준까지는 올라섰으나 여러 어려움으로 현재는 대학 경쟁력이 답보, 아니 오히려 후퇴하는 실정이다. 아무쪼록 재단과 구성원이 각고의 노력을 기울여 趙重勳 이사장께서 꿈꾸셨던 '아시아의 MIT'로 모든 학문 분야에서 도약할 수 있기를 염원한다.

서울 출생

학력   재동국민학교 졸업
명지중학교 졸업
대입자격 검정고시 합격
한양대학교 자원공학과 학사
텍사스대학교(오스틴) 석사(토목공학 건설관리 전공)
애리조나대학교(투손) 석사(수문학 전공)
위스콘신대학교(매디슨) 박사(토목환경공학 GIS 전공)

경력   KAIST 연구원
위스콘신대학교 환경원격팀사센터 연구원
KIST 시스템공학연구소 선임연구원
인하대학교 공간정보공학과 교수

학회   한국공간정보시스템학회 회장
한국대댐회 수석부회장
한국수자원학회/한국습지학회/한국물환경학회/
대한원격탐사학회/한국지적정보학회
이사 등 다수 학회 임원 역임

표창   대통령 표창
국무총리 표창
건설교통부/환경부/국토해양부 장관 표창
대한민국 SNS 산업대상
대통령 감사패
한국대댐회 공로상
대한지적공사사장 감사패

자문	대통령 직속 지역발전위원회 본위원
	대통령실 사회수석통합실 정책자문위원
	국회 환경노동위원회 정책자문위원
	국토교통부 중앙하천심의위원
	기획재정부 공기업준정부기관 경영평가위원
	국토교통부 국가공간정보체계추진위원회 위원
	안행부/인사혁신처 고위공무원 중앙선발시험위원회 위원
	국무총리실 수질개선기획단 정보화자문위원
	안전행정부, 환경부, 국토부, 국민안전처 등 다수 정책자문위원
	한국수자원공사 사외이사
	한국수자원공사/한국토지주택공사/한국농촌공사 외 다수 자문
	서울·인천·대전 등 주요 지자체 기술심사위원

학술상	한국대댐회 40주년 기념 학술상
	한국공간정보학회 학술상
	한국공간정보학회 우수논문상 4회
	한국스마트워터그리드학회 우수논문상
	한국환경공학회 우수논문상 2회
	한국공간정보시스템학회 학술상
	한국공간정보시스템학회 공로패
	한국지형공간정보학회 논문상

논문	413편(해외 논문 130편, 국내 논문 283편)
연구보고서	121편
지식재산권	105건 등록 (국내 특허 36건, 국외 특허 11건, 프로그램 58건)
기술이전	12건
저서	『GIS개론』 등 5권
자격증	측량및지형공간정보기술사
등재	세계 인명사전 등재(Marquis Who's Who)

물과 GIS

1판 1쇄 인쇄 2022년 2월 17일
1판 1쇄 발행 2022년 3월 18일

지은이 김계현
펴낸이 이봉우

주간 이동은
책임편집 고흥준
콘텐츠본부 고혁 송은하 김초록 김지용
디자인 이영민 김지희
마케팅본부 송영우 어찬 윤다영
관리 박현주

펴낸곳 (주)샘터사
등록 2001년 10월 15일 제1-2923호
주소 서울시 종로구 창경궁로35길 26 2층 (03076)
전화 02-763-8965(콘텐츠본부) 02-763-8966(마케팅본부)
팩스 02-3672-1873 | 이메일 book@isamtoh.com | 홈페이지 www.isamtoh.com

ISBN 978-89-464-2206-3 03530

- 값은 뒤표지에 있습니다.
- 잘못 만들어진 책은 구입처에서 교환해 드립니다.